# 现代水文水资源研究

陈承来　郭中伟　姜明新◎编

四川科学技术出版社

**图书在版编目（CIP）数据**

现代水文水资源研究 / 陈承来，郭中伟，姜明新编．
-- 成都：四川科学技术出版社，2023.7（2024.7 重印）
ISBN 978-7-5727-1053-7

Ⅰ．①现… Ⅱ．①陈… ②郭… ③姜… Ⅲ．①水文学
—研究②水资源管理—研究 Ⅳ．① P33 ② TV213.4

中国国家版本馆 CIP 数据核字（2023）第 125803 号

**现代水文水资源研究**
XIANDAI SHUIWEN SHUIZIYUAN YANJIU

---

编　　者　陈承来　郭中伟　姜明新

出 品 人　程佳月
责任编辑　王　勤
助理编辑　黄云松
封面设计　星辰创意
责任出版　欧晓春
出版发行　四川科学技术出版社
　　　　　地址：成都市锦江区三色路 238 号
　　　　　邮政编码：610023
　　　　　官方微博：http://weibo.com/sckjcbs
　　　　　官方微信公众号：sckjcbs
　　　　　传真：028-86361756
成品尺寸　170 mm × 240 mm
印　　张　7.5
字　　数　150 千
印　　刷　三河市嵩川印刷有限公司
版　　次　2023 年 7 月第 1 版
印　　次　2024 年 7 月第 2 次印刷
定　　价　58.00 元

ISBN 978-7-5727-1053-7
邮　　购：成都市锦江区三色路 238 号新华之星 A 座 25 层
邮政编码：610023
电　　话：028-86361770

# 前　言

水是所有生物生存和发展的重要资源，也是工农业生产、社会经济发展以及生态环境不断改善所需的宝贵资源。水资源是有限的，而人口的增长和社会发展对水资源需求量的增加，导致水资源出现日益短缺和水污染严重的问题。由于受到我国气候、地形地貌的影响，水旱灾害成为我国主要的自然灾害之一，并对人类的生存和发展产生了严重的影响。对水资源进行合理开发和利用，提高水利工程建设水平，加强水资源管理与保护已经成为当前人类保护环境、维持经济和社会可持续发展的重要手段和保证措施。因此，要想提高水利工程的建设质量和水平，解决我国用水问题，必须不断加强对水文水资源工作的研究和管理。

本书首先对水文与水资源学的内涵、基本特征、研究方法等内容进行了简要介绍，然后详细阐述了水文测验和水文统计的相关内容，具体包括水文测站布设、水位观测、流量测验、坡面流测验、泥沙测验、水文调查、水文资料的收集、水文统计与概率等，接着深入探讨了水资源的可持续利用以及水资源保护，并从生活节水、工业节水、农业节水、海水淡化、雨水利用等角度出发，全面分析了节约用水的措施，最后详细探索了水资源管理的内容，包括水资源管理、水量管理、水质管理、水价管理以及信息化管理等。本书内容翔实，阐述清晰，对水文水资源的研究有一定的理论意义。

我国是一个水利大国，人多水少、水资源分布不均的基本情况要求我们必须重视对水资源的保护、利用和管理。在正确认识我国水资源现状的前提下，分析当前存在的问题，从保障社会经济可持续发展的角度出发，统筹水资源开发利用工作，综合考虑生活、生产和生态用水，在开发、利用水资源的同时，更重要的是要加强对水资源的节约、保护和管理，大力推进节水型社会的建设，实现水资源的良性循环和可持续利用，并逐渐探索与市场经济相适应的水资源环境保护与利用的运行机制和保障体系，加强水资源环境保护，努力实现人类社会的可持续发展。

CONTENTS 目录

# 第一章　水文与水资源概论

## 第一节　水文学与水资源学研究的对象和任务

### 一、水文学的定义、研究对象与内容

水文学是研究地球上各种水体的存在、分布、运动及其变化规律的学科，主要探讨水体的物理、化学特性和水体对生态环境的作用。水体是指以一定形态存在于自然界中的水的总称，如大气中的水汽，地面上的河流、湖泊、沼泽、海洋、冰川，以及地面下的地下水。各种水体都有自己的特征和变化规律，因此，按水体在地球圈层的分布情况，水文学可分为水文气象学、地表水文学和地下水文学；按水体在地球表面的分布情况，地表水文学又可分为海洋水文学和陆地水文学。

#### （一）水文气象学

水文气象学即运用气象学来解决水文问题，是水文学与气象学间的交叉学科，主要研究大气水分形成过程及其运动变化规律，亦可解释为研究水在空气中和地面上各种活动现象（如降水过程、蒸发过程）的学科。如可能最大降水的推求，即属于水文气象学中的问题。

#### （二）海洋水文学

海洋水文学是主要研究海水的物理、化学性质，海水运动和各种现象的发生、发展规律及其内在联系的学科。海水的温度、盐度、密度、色度、透明度、水质以及潮汐、波浪、海流和泥沙等与海上交通、港口建筑、海岸防护、海涂围垦、海洋资源开发、海洋污染、水产养殖和国防建设等都有密切关系。

#### （三）陆地水文学

陆地水文学是主要研究存在于大陆表面上的各种水体及其水文现象的形成过程与运动变化规律的学科，按研究水体的不同又可分为河流水文学、湖泊水文学、沼泽水文学、冰川水文学、河口水文学等。在天然水体中，河流与人类经济生活的关系最为密切，因此，河流水文学与其他水体水文学相比，发展得最早、最快，目前已成为内容比较丰富的一门学科。河流水文学按研究内容的不同，可划分为以下一些学科：

1. 水文测验学及水文调查。研究获得水文资料的手段和方法、水文站网布设理论、水文资料观测、收集与整编方法、为特定目的而进行的水文调查方法及资料整理等。

2. 河流动力学。研究水流结构、河流泥沙运动及河床演变的规律。

3. 水文学原理。研究水分循环的基本规律和径流形成过程的物理机制。

4. 水文实验研究。运用野外实验流域和室内模拟模型来研究水文现象的物理过程。

5. 水文地理学。根据水文特征值与自然地理要素之间的相互关系，研究水文现象的地区性规律。

6. 水文预报。根据水文现象变化的规律，预报未来短时期（几小时、几天）或中长期（几天、几个月）内的水文情势。

7. 水文分析与计算。根据水文现象的变化规律，推测未来长时期（几十年到上百年）内的水文情势。

此外，还有研究水体化学与物理性质的水文化学与水文物理学。

### （四）地下水文学

地下水文学是运用水文循环和水量平衡原理研究地下水形成、运动、水情和地下水资源的水文学分支学科。它和主要研究地下水起源、类型、分布、运动、化学成分的形成和地质环境的水文地质学关系密切，但研究内容各有侧重。地下水是自然界的一种水体，地下径流是水文循环的一个环节，地下水资源是水资源的重要组成部分。地下水的研究不仅有理论意义，而且在解决供水、排水和土壤盐渍化的防治等方面有实际意义。

## 二、水资源学的定义、性质及其主要内容

水资源学是在认识水资源特性、研究和解决日益突出的水资源问题的基础上，逐步形成的一门研究水资源形成、转化、运动规律及水资源合理开发利用基础理论并指导水资源业务（如水资源开发、利用、保护、规划、管理）的学科。

水资源学的学科基础是数学、物理学、化学、生物学和地学，而气象学、水文学（含水文地质学）则是直接与水资源的形成和时空变化、动态演变有关的专业基础学科，水资源的开发利用则涉及经济学、环境学和管理学。水资源学的发展动力是人类社会生存和发展的需要。水资源学研究的核心是人类社会发展和人类生存环境演变过程中水资源供需问题的合理解决途径。水资源学带有自然科学、技术科学和社会科学的性质，但主要是技术科学，体系上属于水利科学中的一个分支。水资源学的基本内容包括以下七个方面：

### （一）全球和区域水资源的概况

了解水资源概况是进行水资源学研究的最基本内容。关于全球水储量和水平衡，20 世纪 70 年代曾由联合国教科文组织在国际水文十年计划中进行过分析。自 1977 年联合国水会议号召各国进行本国的水资源评价活动之后，有多数国家进行了此项工作，并取得了一批基础成果。这些成果为了解各国的水资源概况及其基本问题，以及世界上的水资源形势提供了依据，也是各国水资源工作的出发点。

### （二）水资源评价

水资源评价不仅限于对水文气象资料的系统整理与图表化，还应包括对水资源供需情况的分析和展望等水资源中心问题。各国都在进行水资源评价活动，通过对评价的方向、条件、方法论和范围的经验总结，为指导今后的水资源评价工作提供了科学基础。

### （三）水资源规划

水资源规划重点是在对区域水资源的多种功能及特点进行分析的基础上，结合区域的历史、地理、社会和经济特点提出水资源合理开发利用的原则和方法；在区分水资源规划和水利规划关系的基础上，叙述水资源规划的各类模型，包括结合水质和水环境问题的治理和保护规划，以及结合地区宏观经济和社会发展的水资源规划理论和方法等。

### （四）水资源管理

水资源管理包括对水资源的管理原则、体制和法规等，如统一管理和分散管理、统一管理和分级分部门的管理体制的比较等；对不同水源、不同供水目标和其他用水要求的合理调度及分配方法、水资源保护和管理模型及专家系统，管理的行政、经济、法规手段的分析等。

### （五）水资源决策

水资源决策包括水资源决策和水利决策的关系和配合，水资源决策的条件和决策支持系统的建立，决策风险分析和决策模型等。

### （六）水资源与全球变化

水资源与全球变化包括全球变化对水资源影响的分析，水资源的相应变化与水资源供需关系的分析等。

### （七）与水资源学有关的交叉学科

由于水资源问题的重要性和社会性，许多独立学科在介入水资源问题时发展了水资源学的交叉学科，如水资源水文学、水资源环境学、水资源经济学等。虽然从本质上讲这些新的交叉学科属于水文学、环境学和经济学，但都是直接为水资源的开发、利用、管理和保护服务的，带有专门性质，也应在水资源学中有所反映，并说明水资源问题的多方位性。

## 三、水文学与水资源学的关系

水资源学与水文学之间既有区别又有密切的联系，常引起一些混淆。总的来说，水文学是水资源学的重要学科基础，水资源学是水文学服务于人类社会的重要应用内容。

### （一）水文学是水资源学的重要学科基础

从水文学和水资源学的发展过程来看，水文学具有悠久的发展历史，是自人类利用水资源以来，就一直伴随着人类水事活动而发展的一门古老学科；而水资源学是在水文学的基础上，为了满足日益严重的水资源问题的研究需求而逐步形成的知识体系，因此，可以近似地认为，水资源学是在水文学的基础上衍生出来的。

从水文学与水资源学的研究内容来看，水文学是一门研究地球上各种水体的形成、运动规律以及相关问题的学科体系，其中，水资源的开发利用、规划与管理等工作是水文学服务于人类社会的一个重要应用内容；水资源学主要包括水资源评价、配置、综合开发、利用、保护以及对水资源的规划与管理，其中，水循环理论、水文过程模拟以及水资源形成与转化机理等水文学理论知识是水资源学知识体系形成和发展的重要理论基础。比如，研究水资源规划与管理，需要考虑水循环过程和水资源转化关系以及未来水文情势的变化趋势。再比如，研究水资源可再生性、水资源承载能力、水资源优化配置等内容，需要依据水文学基本原理（如水循环机理、水文过程模拟），因此水文学是水资源学发展的重要学科基础。

### （二）水资源学是水文学服务于人类社会的重要应用内容

水循环理论支撑水资源可再生性研究，是水资源可持续利用的理论依据。水资源的重要特点之一是“水处于永无止境的运动之中，水循环既没有开始也没有结束”，这是十分重要的水循环现象。永无止境的水循环赋予水体可再生性，如果没有水循环的这一特性，根本就谈不上水资源的可再生性，更不用说水资源的可持续利用，因为只有可再生资源才具备可持续利用的条件。当然，说水资源是可再生的，并不能简单地理解为“取之不尽，用之不竭”。水资源的开发利用必须要考虑在一定时间内水资源能得到补充、恢复和更新，包括水资源质量的及时提升，也就是要求水资源的开发利用程度必须限制在水资源的再生能力之内，一旦超出它的再生能力，水资源得不到及时的补充、恢复和更新，就会面临水资源不足、枯竭等严重问题。从水资源可持续利用的角度分析，水体的总储量并不是都可被利用，只有不断更新的那部分水量才能算作可利用水量。另外，水循环服从质量守恒定律，这是建立水量平衡模型的理论基础。

水文模型是水资源优化配置、水资源可持续利用量化研究的基础模型。通过对水循环过程的分析，揭示水资源转化的量化关系，是水资源优化配置、水资源可持续利用量化研究的基础。水文模型是根据水文规律和水文学基本理论，利用数学工具建立的模拟模型。这是研究人类活动和自然条件变化环境下水资源系统演变趋势的重要工具。以前，在建立水资源配置模型和水资源管理模型时，常常把水资源的分配量之和看成是总水资源利用量，并把总水资源利用量看成一个定值。而现实中，由于水资源相互转换，原来利用的水有可能部分回归到自然界（称为回归水），又可以被重复利用，也就是说，水循环是一个十分复杂的过程，在实际应用中应该体现这一特性，因此，在水资源配置、水资源管理等研究工作中，要充分体现这一复杂过程。

## 第二节　水文与水资源的特征与研究方法

### 一、水文现象及水资源的基本特征

#### （一）水文现象的基本特征

地球上的水在太阳辐射和重力作用下，以蒸发、降水和径流等方式周而复始地循环着。水在循环过程中的存在和运动的各种形态统称为水文现象。水文现象在时间和空间上的变化过程具有以下特点。

1. 水文过程的确定性规律

从流域尺度考察一次洪水过程，可以发现暴雨强度、历时及笼罩面积与所产生的洪水之间的因果联系。从大陆或全球尺度考察，各地每年都会出现水量丰沛的汛期和水量较少的枯季，表现出水量的季节变化，而且各地的降水与年径流量都随纬度和离海距离的增大而呈现地带性变化的规律。上述这些水文过程都可以反映客观存在的一些确定性的水文规律。

2. 水文过程的随机性规律

自然界中的水文现象受众多因素的综合影响，而这些因素本身在时间和空间上也处于不断变化的过程之中，并且相互影响，致使水文现象的变化过程，特别是长时期的水文过程表现出明显的不确定性，即随机性，如年内汛、枯期起讫时间每年不同，河流各断面汛期出现的最大洪峰流量、枯季的最小流量或全年来水量的大小等，各年都是变化的。

## （二）水资源的基本特征

水是自然界的重要组成物质，是环境中最活跃的要素之一。它不停地运动着，积极参与自然环境中一系列物理的、化学的和生物的作用过程，在改造自然的同时，也不断地改造自身的物理、化学与生物学特性，并由此表现出水作为地球上重要自然资源所独有的性质特征。

### 1. 资源的循环性

水资源与其他固体资源的本质区别在于其所具有的流动性，它是在循环中形成的一种动态资源，具有循环性。这是水资源具有的最基本特征。水循环系统是一个庞大的天然水资源系统，处在不断的开采、补给、消耗和恢复的循环之中，可以不断地供给人类利用和满足生态平衡的需要。

### 2. 储量的有限性

水资源处在不断的消耗和补充过程中，具有恢复性强的特征。但实际上全球淡水资源的储量是十分有限的。全球的淡水资源仅占全球总水量的2.5%，大部分储存在极地冰帽和冰川中，真正能够被人类直接利用的淡水资源仅占全球总水量的0.8%。从水量动态平衡的观点来看，某一期间的水消耗量应接近于该期间的水补给量，否则将会破坏水平衡，造成一系列不良的环境问题。可见，水循环的过程是无限的，水资源的储量却是有限的。

### 3. 时空分布的不均匀性

水资源在自然界中具有一定的时间和空间分布。时空分布的不均匀性是水资源的又一特性。全球水资源的分布表现为极不均匀性，如大洋洲的径流模数为51.0 $L/(s \cdot km^2)$、亚洲为10.5 $L/(s \cdot km^2)$，最高值和最低值相差数倍。我国水资源在区域上分布极不均匀，总体上表现为东南多、西北少，沿海多、内陆少，山区多、平原少。在同一地区，不同时间分布差异性很大，一般夏多冬少。

### 4. 利用的多样性

水资源是被人类在生产和生活活动中广泛利用的资源，不仅广泛应用于农业、工业和生活，还用于发电、水运、水产、旅游和环境改造等。在各种不同的用途中，消费性用水与非常规消耗性或消耗很小的用水并存。因用水目的不同而对水质的要求各不相同，从而使得水资源一水多用，能够充分发挥其综合效益。

### 5. 利、害的两重性

水资源与其他固体矿产资源相比，最大的区别是，水资源具有既可造福于人类，又可危害人类的两重性。水资源质、量适宜，且时空分布均匀，将为区域经济发展、自然环境的良性循环和人类社会进步做出巨大贡献。水资源开发利用不当，又可制约国民经济发展，破坏人类的生存环境。如水利工程设计不当、管理不善，可造成垮坝事故，引起土壤次生盐碱化。水量过多或过少的季节和地区，往往又会产生各种各样的自然灾害。水量过多容易造成洪水泛滥，内涝渍水；水量过少容易形成干旱等自然灾害。适量开采地下水，可为国民经济各部门和居民生活提供水源，满足生产、生活的需求。无节制、不合理地抽取地下水，往往引起水位持续下降、水质恶化、水量减少、地面沉降，不仅影响生产发展，而且严重威胁人类生存。正是由于水资源的双重性质，在水资源的开发利用过程中尤其要强调合理利用，有序开发，以达到兴利避害的目的。

## 二、水文学与水资源学的研究及发展

### （一）水文学的研究方法

1. 成因分析法

由于水文现象与其影响因素之间存在确定性关系，通过对观测资料和实验资料的分析研究，可能建立某一水文现象与其影响因素之间的定量关系。这样，就可以根据当前影响因素的状况，预测未来的水文现象。这种利用水文现象的确定性规律来解决水文问题的方法，称为成因分析法。这种方法能求出比较确切的成果，在水文现象基本分析和水文预报中，得到广泛应用。

2. 数理统计法

根据水文现象的随机性规律，以概率理论为基础，运用数理统计方法，可以求得长期水文特征值系列的概率分布，从而得出工程规划设计所需要的设计水文特征值。水文计算的主要任务就是预估某些水文特征值的概率分布，因此，数理统计法是水文计算的主要方法。

3. 地理综合法

根据气候要素及其他地理要素的地区性规律，可以按地区研究受其影响的某些水文特征值的地区分布规律。这些研究成果可以用等值线图或地区经验公式（如多年平均年径流量等值线图，洪水地区经验公式等）表示。利用这些等值线图或经验公式，可以求出观测资料短缺地区的水文特征值，这就是地理综合法。

上述三种研究方法，在实际工作中常常同时应用，它们是相辅相成、互为补充的。

### （二）水文学与水资源学的发展现状

1. 水文学的发展现状

为了战胜洪水灾害，人类很早就注意对水文现象的观测和研究，不断积累水文知识，早在 4 000 多年前大禹治水时，就根据“水流就下”的规律疏导洪水。但是，水文发展成为一个学科是在 19 世纪的欧洲，主要标志是近代水文仪器的发明，使水文观测进入了科学的定量观测阶段，并逐渐形成近代水文学理论。进入 20 世纪，特别是20世纪40年代以后，大量兴起的防洪、灌溉、水力发电、交通工程和农业、林业乃至城市建设，为水文学理论提出了越来越多的新课题，使其研究方法逐渐理论化和系统化。20世纪50年代以来，人与水的关系已由古代的趋利避害和近代较低水平的兴利除害发展到了现代较高水平的兴利除害的新阶段。这个阶段赋予水文科学以新的动力和特色。

现代化工业和农业的发展增加了对水资源的需求，同时也造成了水源污染，加剧了水资源的供需矛盾。水文科学的研究领域正在向水资源最优开发利用的方向发展，以期为客观评价、合理开发利用和保护水资源提供水文信息和依据。

现代科学技术的发展，使获取水文信息的手段和水文分析方法有了长足的进步。例如遥感技术和电子计算机的应用，使从水文观测到基本规律的研究已发展成以电子计算机为核心的自动化。另外，水文模拟方法和水文系统分析方法使人们研究水文现象的能力提高到新的水平。

随着科学技术的进步以及大规模的人类活动对自然界水体，尤其是对自然环境产生的多方面的影响，水文学在向新的研究领域发展。如在随机数学理论基础上逐步形成的随机水文学；又如水文科学和环境科学的交叉学科——环境水文学、城市水文学等正在孕育形成。

2. 水资源学的发展现状

随着水资源问题的日益突出，人们探索水资源规律和解决水资源问题的紧迫性不断增加，再加上人类认识水平的不断提高和科学技术的飞速发展，人们对水资源问题的认识不断深入，极大地带动了水资源学的发展和学科体系的完善。自20世纪中期水资源学形成以来，其主要进展可概括如下。

对于水资源，人们从“取之不尽，用之不竭”的片面认识，逐步转变为科学的认识，逐步认识到水资源开发利用必须与经济社会发展和生态系统保护相协调，走可持续发展的道路，要从水资源形成、转化和运动的规律角度来系统分析和看待水资源变化的规律和出现的水资源问题，为人们解决日益严重的水资源问题奠定了基础。这是水资源学发展的重要认识论方面的进展。

随着实验条件的改善和观测技术的发展，对水资源形成、转化和运动的实验手段和观测水平得到极大的提高，促进了人们对水资源规律的认识和定量化研究水平的提高。通过实验分析，不仅掌握了水资源在数量上的变化，还可以定量分析水资源质量状况以及水与生态系统的相互作用关系。近几十年来，人们做了大量的实验研究，极大地丰富了水资源学的理论和应用研究内容。这是水资源学发展的重要实验进展。

现代数学理论、系统理论的发展为水资源学提供了量化研究和解决复杂水资源问题的重要手段，随着经济社会的发展，原本复杂的水资源系统经过人类的改造作用后变得更加复杂。复杂的水资源系统，既要面对水资源短缺、洪涝灾害、水环境污染等问题，又要满足生活、工业、农业、生态等多种类型的用水需求，必须借用现代数学理论、系统理论的方法。近几十年来，随着现代数学理论、系统理论的不断引入，极大地丰富了水资源学的理论方法和研究手段。这是水资源学发展的重要理论方法的进展。

随着现代计算机技术的发展，对复杂的数学模型可以求得数值解，对复杂的水资源系统可以寻找解决问题的途径和对策，可以多方案快速进行对比分析，可以建立复杂的定量化模型，可以实时进行分析、计算和实施水资源调度。这些方法和手段既丰富了水资源学的内容，也促进了水资源学服务于社会的应用推广。这是水资源学发展的重要技术方法的进展。

以可持续发展为理论指导，促进现代水资源规划与管理的发展。传统的水资源规划与管理主要注重经济效益、技术可行性和实施的可靠性。近几十年来，水资源规划与管理在观念上发生了很大变化，包括从单一性向系统性转变，从单纯追求经济效益向追求社会—经济—环境综合效益转变，从只重视当前发展向可持续发展转变。

# 第二章　水文测验与水文统计

## 第一节　水文测站布设

### 一、水文测站及站网

#### （一）水文测站

水文测站是在河流上或流域内设立的按一定技术标准收集和提供水文要素的各种水文观测现场的总称。按目的和作用分为基本站、实验站、专用站和辅助站。基本站是为综合需要的公用目的，经统一规划而设立的水文测站。基本站应保持相对稳定，在规定的时期内连续进行观测，收集的资料应刊入水文年鉴或存入数据库长期保存。实验站是为深入研究某些专门问题而设立的一个或一组水文测站，实验站也可兼作基本站。专用站是为特定的目的而设立的水文测站，不具备或不完全具备基本站的特点。辅助站是为帮助某些基本站正确控制水文情势变化而设立的一个或一组站点。辅助站是基本站的补充，弥补基本站观测资料的不足。计算站网密度时，辅助站不参加统计。

基本水文站按观测项目可分为流量站、水位站、泥沙站、雨量站、水面蒸发站、水质站、地下水观测井等。其中流量站（通常称作水文站）均应观测水位，有的还兼测泥沙、降水量、水面蒸发量及水质等；水位站也可兼测降水量、水面蒸发量。这些兼测的项目，在站网规划和计算站网密度时，可按独立的水文测站参加统计；在站网管理、刊布年鉴和建立数据库时，则按观测项目对待。

#### （二）水文站网

水文站网是在一定地区按一定原则，由适当数量的各类水文测站构成的水文资料收集系统。单个测站观测到的水文要素信息，只代表了站址处的水文情况，而流域上的水文情况则须在流域内的一些适当地点布站观测。广义的站网是指测站及其管理机构所组成的信息采集与处理体系。通过对所设站网采集到的水文信息经过整理分析后，达到可以内插流域内任何地点水文要素的特征值，这也就是水文站网的作用。

规划水文站网应研究测站在地区上分布的科学性、合理性、最优化等问题。布设测站时，应按站网规划的原则布设，例如河道流量站的布设，当流域面积超过 3 000 $km^2$，应考虑利用设站地点的资料，把干流上没有测站地点的径流特性插补出来。预计将修建水利工程的地段，一般应布站观测。对于较小流域，虽然不可能全部设站观测，也应在水文特征分区的基础上，选择有代表性的河流进行观测。在中、小河流上布站时还应当考虑暴雨洪水分析的需要，如对小河应按地质、土壤、植被、河网密集程度等下热面因素分类布站。布站时还应注意雨量站与流量站的配合。对于平原水网区和建有水利工程的地区，应注意按水量平衡的原则布站，也可以根据实际需要，安排部分测站每年只在部分时期（如汛期或枯水期）进行观测。又如水质监测站的布设，应以监测目标、人类活动对水环境的影响程度和经济条件这三个因素作为考虑的基础。

我国水文站网于 1956 年开始统一规划布站，经过多次调整，布局已比较合理，对国民经济的发展起到了积极作用。随着我国水利水电的发展，大规模人类活动的影响，天然河流产汇流、蓄水及来水量等也发生着改变，因此要对水文站网进行适当调整、补充。

## 二、水文站网的规划与调整

水文站网规划是为制定一个地区（流域）水文测站总体布局而进行的各项工作的总称。其基本内容有：进行水文分区，确定站网密度，选定布站位置，拟定设站年限，各类站网的协调配套，编制经费预算，制订实施计划。

水文站网规划的主要原则是根据需要和可能，依靠站网的结构，发挥站网的整体功能，提高站网产生的社会效益和经济效益。

水文站网规划时应考虑的问题主要有：测站位置是否合适、测站河段是否满足要求、水账是否能算清、测站间配套是否齐全等。

水文站网的调整，是水文站网管理工作的主要内容之一。水文站网的管理部门应当在使用水文资料解决生产、科研问题的实践中，在经济水平、科学技术、测验手段日益提高和对水文规律认识不断加深的过程中，定期地或适时地分析检验站网存在的问题，进行站网调整。

制定水文站网规划或调整方案应根据具体情况，采用不同的方法，相互比较和综合论证；同时，要保持水文站网的相对稳定。

## 三、水文测站的设立

建立水文测站包括选择测验河段和布设观测断面。

在站网规划规定的范围内，具体选择测验河段时，主要考虑在满足设站目的要求的前提下，保证工作安全和测验精度，并有利于简化水文要素的观测和信息的整理分析工作。具体地说，就是测站的水位与流量之间呈良好的稳定关系（单一关系）。该关系往往受一个断面或一个河段的水力因素控制，前者称为断面控制，后者称为河槽控制。

在天然河道中，由于地质或人工的原因，造成河段中局部地形（如石梁卡口等）突起，使得水面曲线发生明显转折，形成临界流，出现临界水深，从而构成断面控制。

当水位流量关系要靠一段河槽所发生的阻力作用来控制，如该河段的底坡、断面形状、糙率等因素比较稳定，则水位流量关系也比较稳定，这就属于河槽控制。

在河流上设立水文监测站时，平原地区应尽量选择河道顺直、稳定、水流集中，便于布设测验的河段，且尽量避开变动回水、急剧冲淤变化、分流、斜流、严重漫滩等以及妨碍测验工作的地貌、地物。结冰河流还应避开容易发生冰塞、冰坝的地方。山区河流应在石梁、急滩、卡口、弯道上游附近规整河段上选站。

水文测站一般应布设基线、水准点和各种断面，即基本水尺断面、流速仪测流断面、浮标测流断面、比降断面。

基本水尺断面上设立基本水尺，用来进行水位观测。测流断面应与基本水尺断面重合，且与断面平均流向垂直。若不能重合时，亦不能相距过远。浮标测流断面有上、中、下三个断面，一般中断面应与流速仪测流断面重合。上、下断面之间的间距不宜太短，其距离值应为断面最大流速值的 50 ~ 80 倍。比降断面设立比降水尺，用来观测河流的水面比降和分析河床的糙率。上、下比降断面间的河底和水面比降，不应有明显的转折，其间距应使得所测比降的误差能在 ±15% 以内。

水准点分为基本水准点和校核水准点，均应设在基岩或稳定的永久性建筑物上，也可埋设于土中的石柱或混凝土桩上。基本水准点是测定测站上各种高程的基本依据，校核水准点是经常用来校核水尺零点高程的。基线通常与测流断面垂直，起点在测流断面线上，其用途是用经纬仪或六分仪测角交会法推求垂线在断面上的位置。基线的长度视河宽 $B$ 而定，一般应为 0.6 $B$。当受地形限制的情况下，基线长度最短也应为 0.3 $B$，基线长度的丈量误差不得大于 1/1 000。

## 四、测验渡河设备

测验渡河设备是将测深、测速、测沙仪器运送到河段横断面预定位置上进行测量作业的设备。专用的渡河设备的主要形式有水文缆道、水文测船、水文缆车、水文测桥以及浮标投掷器，如条件适合，可利用公路桥。如河水很浅，可直接涉水测量。过河设备的类型和状况，对于水文测站布设的安全性、方便性和成果质量都有重要影响。

### （一）测验渡河设备的作用和分类

流量测验（结合泥沙测验），按目前一般采用的面积—流速法，均需利用渡河设备。在使用流速仪测流时，渡河设备被用来测量水道断面面积和流速、流向；使用浮标测流时，用来测量水道断面面积；进行输沙率测验时，渡河设备则同时用来采取水样。

测验渡河设备种类繁多，按照野外测验时所处位置，可划分为 4 类：渡船测流设备、岸上测流设备、架空测流设备和涉水测流设备。以上每一种测验湾河设备又分为多种形式。如渡船测流设备，有机船、锚碇测船、过河索吊船等，其中过河索吊船应用得比较广泛。岸上测流设备为各种形式的水文缆道，目前已被广泛采用。架空测流设备有渡河缆车、测桥、吊桥等。涉水测流用于小河枯季测流，设备简单。另外，随着近几年来水文巡回测验工作的开展，利用水文测车在桥上测流也将成为一种重要形式。

渡河设备要能满足洪水期测流的要求，也能在枯水时测流。对有些测站，为了满足各种情况下的测流，往往需要同时具有几种渡河设备。

### （二）几种重要的测验渡河设备

1. 过河索吊船设备

这种过河设备用于船上测流，主要包括测船和在测流断面以上并与之平行的过河索等。后者的作用是用来固定和移动测船。

过河索吊船设备能进行多种项目的测验。在水流比较平稳、漂浮物威胁不大的河流上比较适合。其缺点是测验人员必须上船操作，当流速急、风浪大、漂浮物多时，船只不平稳、不安全。

2. 水文缆道

水文缆道，又称流速仪缆道，用于岸上测流。水文缆道主要由承载、驱动、信号传递三大部分组成。承载部分包括承载索（主索）、支架、锚碇等设备；驱动部分包括牵引索（循环索、起重索、悬索）、绞车、滑轮、行车、平衡锤等，其中驱动动力有电力、内燃机和人力几种；信号传递部分包括信号线路与仪表装置等。

水文缆道作为一种岸上测流设备，与过河索吊船相比，能够实测到更高量级的洪水，并且在改善工作条件，确保测验安全及节省人力等方面有很大的优越性，因此被广泛采用。水文缆道的形式有多种，下面分别介绍常见的两种。

（1）闭口游轮式缆道

如图 2-1 所示，这种缆道的循环索为封闭式，它只能控制行车在水平方向运行。仪器的提放则由起重索另行控制。

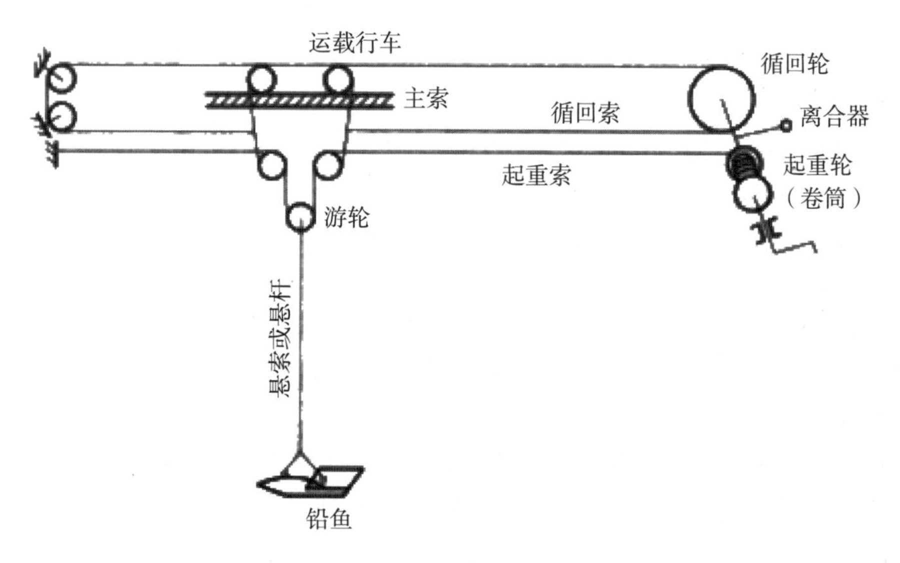


图 2-1　闭口游轮式缆道基本结构

闭口游轮式缆道，由于在起重索上装有游轮，使得上提仪器时可省力一半。缺点是为了避免因游轮入水而增大悬索偏角，游轮至铅鱼之间的悬索长度要根据测量最大水深确定，因此主索支点要相应提高。地势平坦的测站采用此种缆道，但支架高、造价大，所以闭口游轮式缆道只适用于洪枯水位变幅不大及两岸地势较高的测站。

（2）开口游轮式缆道

图 2-2 所示为开口游轮式缆道的一种基本形式。它的特点是：牵引索兼有循环、起重、悬索三种作用；铅鱼和流速仪的升降，通过岸上支架附近游轮进退来操作。单纯的起重索被取消了，可节省钢丝绳长度。它是目前一般测站广泛采用的缆道形式。

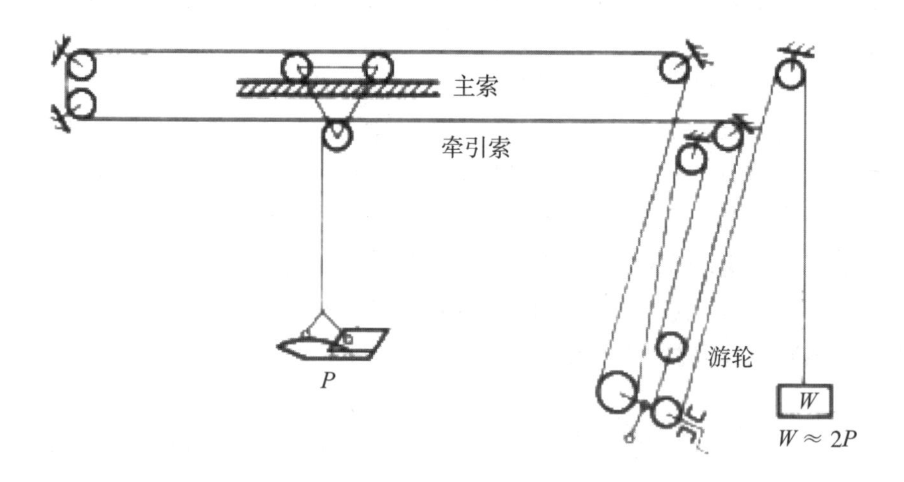


图 2-2　开口游轮式缆道基本结构

为省力和减轻劳动强度，采用游轮加平衡锤的省力系统。如图 2–2 的形式，平衡锤重量略小于铅鱼重量的两倍。操作时，用离合器将升降轮刹住，开动循环轮，即可提放铅鱼。这种走线形式，平衡锤与铅鱼（仪器）的相对升降比例为 1∶2。

在水文缆道上采用悬索悬吊铅鱼测深，当主索跨度大于 300 m 时，主索弹跳影响测深精度。在遇到较大洪水时如何处理这些问题尚未完全解决。

3. 升降式缆车

我国北方河流流速大、漂浮物多，对不宜使用流速仪缆道的测站，设置缆车比较合适。对于水位变幅较大的山溪性河流，宜采用升降式缆车，如图 2–3 所示。测验人员在车上操作，其总体布置是在主索行车上悬挂一个可乘坐测验人员的缆车，车厢可根据水位涨落及承载索垂度变化而随时升降。悬吊仪器的悬杆装于车厢外，可以升降。这种缆车既能测流又能测沙等，是一种使用效果较好的设备。

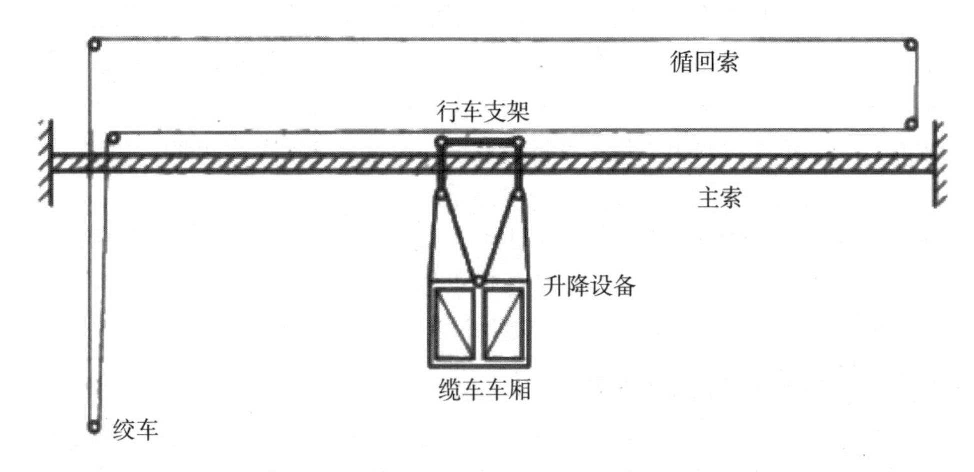


**图 2–3　升降式缆车过河设备**

近年来，测验渡河设备得到很大的革新。很多水文站在水文缆道上采用了新技术，特别是电子技术的应用有了很大的发展。例如，采用数字电路实现操作自动化；利用现代电子技术自动显示起点距、水深、流速等，运用载波技术传递多种信号；少数水文站试制成功一种操作程序全部自动化的计算机测流系统，可直接将测验成果的全部数据自动打印出来。

# 第二节　水位观测

## 一、概述

### （一）水位观测的目的和要求

水位是指河流或其他水体的自由水面相对于某一基面的高程，其单位为米（m）。水位是反映水体、水流变化的重要标志，是水文测验中最基本的观测要素，以及水文站常规的观测项目。水位观测资料可以直接应用于堤防、水库、电站、堰闸、浇灌、排涝、航道、桥梁等工程的规划、设计、施工等过程中。水位是防汛抗旱的主要依据，水位资料是水库、堤防等防汛的重要资料，是防汛抢险的主要依据，是掌握水文情势和进行水文预报的依据。同时，水位也是推算其他水文要素并掌握其变化过程的间接资料。在水文测验中，根据常用水位可直接或间接地推算其他水文要素。例如，由水位通过水位流量关系推求流量，通过流量推算输沙率，由水位计算水面比降，从而确定其他水文要素的变化特征。

由此可见，在水位的观测中要认真贯彻《水文资料整编规范》，发现问题及时排除，使观测数据准确可靠。同时，还要保证水位资料的连续性，关注不漏测洪峰和洪峰的起涨点，对于暴涨暴落的洪水应更加注意。

### （二）影响水位变化的因素

水位的变化主要取决于水体自身水量的变化，约束水体条件的改变以及水体受干扰等因素。在水体自身水量的变化方面，江河、渠道来水量的变化，水库及湖泊引入、引出水量的变化和蒸发、渗漏等使总水量发生变化，从而使水位发生相应的涨落变化。在约束水体条件的改变方面，河道的冲淤和水库湖泊的淤积，改变了河、湖、水库底部的平均高程；闸门的开启与关闭引起了水位的变化；河道内水生植物的生长、死亡使河道糙率发生变化，从而使水位发生变化。另外，有些特殊情况，如堤防的溃决、洪水的分洪，以及北方河流结冰、冰塞、冰坝的产生与消亡，河流的封冻与开河，都会使水位发生急剧变化。

水体的相互影响也会使水位发生变化，如在河口汇流处的水流之间会相互顶托；水库蓄水产生回水影响，会使水库末端的水位抬升；潮汐、风浪的干扰同样会影响水位的变化。

### （三）基面与水准点

水位是水体（如河流湖泊、水库、沼泽等）的自由水面相对于某一基面的高程。

一般都以一个基本水准面为起始面，这个基本水准面又称基面。由于基本水准面的选择不同，其高程值也不同，在测量工作中一般均以大地水准面作为高程基准面。大地水准面是平均海水面及其在全球延伸的水准面，在理论上讲，它是一个连续的闭合曲面，但在实际中无法获得这样一个全球统一的大地水准面，各国只能以某一海滨地点的特征海水面为准，这样的基准面也称绝对基面。另外，在水文测验中除使用绝对基面外，还有假定基面、测站基面、冻结基面等。

1. 绝对基面

绝对基面一般是以某一海滨地点的特征海水面为准，这个特征海水面的高程被定为 0.000 m，目前我国使用这种水准面的地区有大连、大沽、黄海、废黄河口、吴淞、珠江等。若将水文测站的基本水准点与国家水准网所设的水准点接测后，则该站的水准点高程就可以根据引据水准点用某一绝对基面以上的高程数来表示。

2. 假定基面

若水文测站附近没有国家水准网，其水准点高程暂时无法与全流域统一引据的某一绝对基面高程相连接，可以暂时假定一个水准基面作为本站水位或高程起算的基准面，如暂时假定该水准点高程为 100.000 m，则该站的假定基面就在该基本水准点垂直向下 100.000 m 处的水准面上。

3. 测站基面

测站基面是假定基面的一种，它适用于通航的河道，一般将其确定在测站河库最低点以下 0.5 ~ 1.0 m 的水面上，对水深较大的河流，可选在历年最低水位以下 0.5 ~ 1.0 m 的水面作为测站基面。

同样，当与国家水准点接测后，即可算出测站基面与绝对基面的高差，从而可将测站基面表示的水位换算成以绝对基面表示的水位。

用测站基面表示的水位，可直接反映航道水深。但在冲淤河流测站基面位置很难确定，而且不便于对同一河流上下游站的水位进行比较，这也是使用测站基面时应注意的问题。

4. 冻结基面

冻结基面也是水文测站专用的一种固定基面。一般是将测站第一次使用的基面固定下来，作为冻结基面。

使用测站基面的优点是水位数字比较简单（一般不超过 10 m）可使测站的水位资料与历史资料相连续。有条件的测站应使用同样的基面，以便水位资料在防汛和水利建设、工程管理中得以使用。

## 二、水位的观测设备

水位的观测设备可分为直接观测设备和间接观测设备。直接观测设备是传统式的水尺，人工直接读取水尺读数加水尺零点高程即得水位。它设备简单，使用方便，但工作量大，需人值守。间接观测设备是利用电子、机械压力等感应作用间接反映水位变化，其设备构造复杂，技术要求高，无须人值守，工作量小，可以实现自记，是实现水位观测自动化的重要条件。

## （一）水位的直接观测设备

1. 水尺的种类

水尺分为直立式、倾斜式、矮桩式和悬锤式四种。其中直立式水尺应用最普遍，其他三种则根据地形和需要选用。

（1）直立式水尺

直立式水尺由水尺靠桩和水尺板组成。一般沿水位观测断面设置一组水尺桩，同一组的各支水尺设置在同一断面线上。使用时将水尺板固定在水尺靠桩上，构成直立水尺。水尺靠桩可采用木桩、钢管、钢筋混凝土等材料制成，水尺靠桩要求牢固打入河底，避免发生下沉。水尺靠桩布设范围应高于测站历年最高水位及低于测站历年最低水位 0.5 m。水尺板通常由长 1 m、宽 8 ~ 10 cm 的搪瓷板、木板或合成材料制成。水尺的刻度必须清晰，数字清楚，且数字的下边缘应放在靠近相应的刻度处。水尺的刻度一般是 1 cm，误差不大于 0.5 mm。相邻两水尺之间的水位要有一定的重合，重合范围一般要求为 0.1 ~ 0.2 m，当风浪大时，重合部分应增大，以保证水位连续观读。水尺板安装后，须用四等水准测量的方法测定每支水尺的零点高程。在读得水尺板上的水位数值后，使其加上该水尺的高程，所得数值就是要观测的水位高程。

（2）倾斜式水尺

测验河段内岸边有规则平整的斜坡时，可采用此种水尺。此时可在岩石或水工建筑物的斜面上直接涂绘水尺刻度。同直立式水尺相比，倾斜式水尺具有耐久、不易冲毁、水尺零点高程不易变动等优点，缺点是要求条件比较严格，在多沙河流上，水尺刻度容易被淤泥遮盖。

（3）矮桩式水尺

受航运、流冰浮运影响严重，不宜设立直立式水尺和倾斜式水尺的测站，可改用矮桩式水尺。矮桩式水尺由矮桩及测尺组成。矮桩的入土深度与直立式水尺的靠桩相同，桩顶一般高出河床线 5 ~ 20 cm，桩顶须加直径为 2 ~ 3 cm 的金属圆钉，以便放置测尺。相邻桩顶高差宜在 0.4 ~ 0.8 m，平坦岸坡宜在 0.2 ~ 0.4 m，测尺一般用硬质木料做成。为减少壅水，测尺截面可做成菱形。观测水位时，将测尺垂直放于桩顶，读取测尺数加桩顶高程即得水位。

（4）悬锤式水尺

悬锤式水尺通常设置在坚固的陡岸、桥梁或水工建筑物上。它也被大量用于地下水位和大坝渗流水位的测量。它是由一条带有重锤的绳或链所构成的水尺，通过从水面以上某一已知高程的固定点测量离水面的竖直高差来计算水位。悬锤的重量应能拉直悬索，悬索的伸缩性应当很小，在使用过程中，应定期检查测索引出的有效长度与计数器或刻度盘的一致性，其误差不超过 ±1 cm。

2. 水尺的布置和零点高程的测量

水尺位置的设置必须便于观测人员接近以直接观读水位，并应避开涡流、回流、漂浮物等的影响。在风浪较大的地区，必要时应采用静水设施。

水尺布设范围，应高于测站历年最高水位 0.5 m，低于测站历年最低水位 0.5 m。

同一组的各支基本水尺，应设置在同一断面线上。当因地形限制或其他原因必须离开同一断面线时，其最上游与最下游水尺的水位差不应超过 1 cm。

同一组的各支比降水尺，当不能设置在同一断面线上时，偏离断面线的距离不能超过 5 m。同时，任何两支水尺的顺流向距离不得超过上、下比降断面距离的 1/200。

水尺设立后，应立即测定其零点高程，以便即时观测水位。使用期间水尺零点高程的校测次数以能完全掌握水尺的变动情况并准确取得水位资料为原则：一般情况下，汛前应将所有水尺校测一次，汛后校测汛期中使用过的水尺，汛期及平时发现水尺有变动迹象时，应随时校测；河流结冰的测站，应在冰期前后校测使用过的水尺；受航运、浮运、漂浮物影响的测站，在受影响期间，应增加对使用水尺的校测次数，如水尺被撞，应立即校测；冲淤变化测站，应在河床每次发生显著变化后，校测影响范围内的水尺。

校测水尺时，用单程仪器站数 $n$ 作为计算往返测量不符值的控制指标，往返测量同一支水尺，零点高程允许不符值为：平坦地区用 $\pm4\sqrt{n}$ ，不平坦地区用 $\pm3\sqrt{n}$ ，或虽超过允许不符值，但对一般水尺小于 10 mm 或对比降水尺小于 5 mm 时，可采用校测前的高程。否则，采用校测后的高程，应及时查明水尺变动的原因及日期，以确定水位的改正方法。

## （二）水位的间接观测设备

间接观测设备主要由感应器、传感器与记录装置三部分组成。感应水位的方式有浮子式、水压式、超声波式等多种类型。间接观测设备按传感距离可分为就地自记式与远传、遥测自记式两种，按水位记录形式可分为记录纸曲线式、打字记录式、固态模块记录式等。按感应水位的方式简介如下。

1. 浮子式水位计

浮子式水位计是利用水面的浮子随水面一同升降，并将它的运动通过比例轮传递给记录装置或指示装置的一种水位自记仪器。

浮子式水位计使用历史长，用户量大，产品成熟，是目前使用较多的水位计。该产品具有结构简单、性能可靠、操作使用方便、保养维修方便、经久耐用、精度高等优点。但是，使用浮子式水位计需要建立水位计台，有些测站建水位计台困难或建水位计台费用昂贵，使浮子式水位计的使用受到限制。在多沙河流上测井易发生泥沙淤积，这也会影响浮子式水位计的使用。浮子式水位计按记录时间长短分为日记型、旬记型、月记型等，按仪器的构造型式又分为卧式、立式和往复式等。

2. 水压式水位计

通过测量水体的静水压力实现水位测量的仪器称为压力式水位计。压力式水位计又分为气泡式压力水位计和压阻式压力水位计两种。通过气管向水下的固定测点通气，使通气管内气体压力和测点的静水压力平衡，从而实现通过测量通气管内气体压力来完成水位测量的这种装置，通常称为气泡式水位计。

20 世纪 70 年代，一种新型压力传感器迅速发展。该传感器是直接将压力传感器严格密封后置于水下测点，使其将静水压力转换成电信号，通过防水电缆传至岸上，再用专用仪表将电信号转换成水位值。这种水位计被称为水下直接感压式压力水位计，又称压阻式压力水位计。

压阻式压力水位计简称压力式水位计，是将扩散硅集成压阻式半导体压力传感器或压力变换器直接投入水下测点感应静水压力的水位测量装置。它适用于江河湖泊、水库及其他密度比较稳定的天然水体中，无须建造水位测井便能实现水位测量和存贮记录。

3. 超声波水位计

超声波水位计是一种将声学和电子技术结合在一起的水位测量仪器，按照声波传播介质的区别可分为液介式和气介式两大类。

声波是机械波，其频率在 20 ~ 2 000 Hz。可以引起人类听觉的为可闻声波，更低频率的声波叫作次声波，更高频率的声波叫作超声波。超声波水位计通过超声换能器将具有一定频率、功率和宽度的电脉冲信号转换成同频率的声脉冲波，定向朝水面发射。此超声波到达水面后被反射回来，其中部分超声能量被换能器接收，又将其转换成微弱的电信号。这组发射与接收脉冲经专门电路放大处理后，可形成一组与声波传播时间直接关联的发收信号，根据需要，经后续处理可转换成水位数据，并进行显示或存贮。

换能器安装在水中的称为液介式超声波水位计，而换能器安装在空气中的称为气介式超声波水位计，后者为非接触式测量。

## 三、水位观测与日平均水位计算

### （一）水位观测方法

1. 用水尺观读水位

水位基本定时观测时间为北京时间8时（24时计时法）。在西部地区，在冬季8时观测有困难或枯水期8时代表性不好的测站根据具体情况，经实测资料分析，经主管领导机关批准，可改在其他代表性好的时间定时观测。

水位的观读精度一般记至1 cm，当上下比降断面水位差小于0.2 m时，比降水位应读记至0.5 cm。水位每日观测次数，以能测得完整的水位变化过程，满足日平均水位计算，极值水位挑选流量推求和水情拍报的要求为原则。

水位平稳时，1 d内可只在8时观测1次；稳定的封冻期没有冰塞现象且水位平稳时，可每2 ~ 5 d观测1次，月初月末的两天必须观测。

水位缓慢变化时，每日8时、20时观测2次，对枯水期20时观测确有困难的站，可提前至其他时间观测。

当水位变化较大或出现较缓慢的峰谷时，每日2时、8时、14时、20时观测4次。

在洪水期或水位变化急剧时期，可每1 ~ 6 h观测1次；当水位暴涨暴落时，应根据需要增为每半小时或若干分钟观测1次，应测得各次峰、谷和完整的水位变化过程。

结冰流冰和发生冰凌堆积、冰塞的时期，应增加测次，测得完整的水位变化过程。

由于水位涨落，水位将要由一支水尺淹没到另一支相邻水尺时，应同时读取两支水尺上的读数，一并记入记载簿，并立即算出水位值进行比较。二者的差值若在允许范围内时，应取二者的平均值作为该时观测的水位。否则，应及时校测水尺，并查明不符的原因。

2. 用自记水位计观测水位

（1）自记水位计的检查和使用

在安装自记水位计之前或换记录纸时，应检查水位轮感应水位的灵敏性和走时机构的正常性。电源要充足，记录笔、墨水应满足记录需要。换纸后应上紧自记钟，将自记笔尖调整到当时的准确时间和水位坐标上，观察1 ~ 5 min，待一切正常后方可离开，当出现故障时应及时排除。

自记水位计应按记录周期定时换纸，并注明换纸时间与校核水位。当换纸恰逢水位急剧变化或高、低潮时，可适当延迟换纸时间。

对自记水位计应定时进行校测和检查。使用日记式自记水位计时，每日8时定时测1次；资料用于潮汐预报的潮水位站时，应每日8时、20时校测2次；当1 d

内水位变化较大时，应根据水位变化情况增加校测次数。使用长周期自记水位计时，对周记和双周记式自记水位计应每 7 d 校测 1 次；对其他长期自记水位计，应在使用初期根据需要增加校测次数，待运行稳定后，可根据情况适当减少校测次数。

校测水位时应在自记纸的时间坐标上画一短线。需要测记附属项目的站应在观测校核水尺水位的同时观测附属项目。

（2）自记水位计的比测

自记水位计应与校核水尺进行一段时间的比测，比测合格后，方可正式使用。比测时，可将水位变幅分为几段，每段比测次数应在 30 次以上，测次应在涨落水段均匀分布，并应包括水位平稳、变化急剧等情况下的比测值。长期自记水位计应取得一个月以上连续完整的比测记录。

比测结果应符合下列规定：第一，置信水平 95% 的综合不确定度不超过 3 cm，系统误差不超过 1%；第二，计时系统误差应符合自记钟的精度要求。

（3）自记水位计记录的订正与摘录

①自记水位计记录的订正。取回记录纸后，应检查记录纸上有无漏填或错写的项目，如有应补填或纠正。当记录曲线呈锯齿形时，应用红色铅笔通过中心位置画一细线作为水位过程线；当记录曲线呈阶梯状时，应用红色铅笔按形成原因加以订正。当记录曲线中断不超过 3 小时且不是水位转折时期时，一般测站可按曲线的趋势用红色铅笔以虚线插补描绘；潮水位站可按曲线的趋势并参考前一天的自记曲线，用红色铅笔以虚线插补描绘。当中断时间较长或跨越峰、谷时，不宜描绘中断时间的水位，可采用曲线趋势法或相关曲线法插补计算，并在水位摘录表的备注栏中注明。自记水位记录的订正，包括时间订正和水位订正两部分。一般站 1 d 内若自记水位与校核水位之差超过 2 cm，时间误差超过 5 min，则应进行订正。资料用于潮汐预报的潮水位站，当使用精度较高的自记水位计时，1 d 内水位误差若超过 1 cm，时间误差超过 1 min，则应进行订正。订正时宜先做时间订正，后做水位订正。

②自记水位计记录的摘录。自记水位记录的摘录应在订正后进行，摘录的成果应能反映水位变化的完整过程，并满足计算日平均水位统计特征值和推算流量的需要。当水位变化不大且变率均匀时，可按等时距摘录；当水位变化急剧且变率不均匀时，应加摘转折点。摘录的时刻宜选在 6 min 的整数倍之处。8 时水位和特征水位必须摘录。当需要用面积包围法计算日平均水位时，0 时和 24 时水位必须摘录。摘录点应在记录线上逐一标出，并注明水位值，以备校核。

### （二）日平均水位计算

日平均水位是指在某一水位观测点一日内水位的平均值，其推求原理是将 1 d 内水位变化的不规则梯形面积概化为矩形面积，其高即日平均水位。具体计算时，视水位变化情况分面积包围法和算术平均法两种。

## 第三节　流量测验

### 一、概述

流量是单位时间内流过江河某一横断面的水量，单位为 $m^3/s$。流量是反映水资源和江河、湖泊、水库等水量变化的基本资料，也是河流最重要的水文要素之一。

受自然条件和其他因素的影响，天然河流的流量大小悬殊，如我国北方河流旱季有断流现象，使得江河的流量变化错综复杂。研究掌握江河流量变化的规律，为国民经济建设服务，必须积累不同地点、不同时间的流量资料。水文站需要根据河流水情变化的特点，采用适当的测流方法进行流量测验。

#### （一）流量测验方法的分类

目前，国内外采用的测流方法和手段很多，按测流的工作原理，可分为下列几种类型。

1. 流速面积法

常用的流速面积法有流速仪测流法、浮标测流法、航空摄影测流法、遥感测流法、动船法、比降法等。

2. 水力学法

水力学法包括量水建筑物测流和水工建筑物测流。

3. 化学法

化学法包括溶液法、稀释法、混合法等。

4. 物理法

物理法有超声波法、电磁法和光学法测流等。

5. 直接法

直接法包括容积法和重量法，适用于流量极小的山涧小沟和实验室模型测流。实际测流时，在保证资料精度和测验安全的前提下，应根据具体情况，因时因地选用不同的测流方法。

#### （二）流速分布和流量模型

研究流速脉动现象及流速分布是为了掌握流速随时间和空间变化的规律。它对于流量测验具有重大意义，可以合理布置测速点及控制测速历时。

1. 流速脉动

水体在河槽中运动，受许多因素的影响，如河道断面形状、坡度、糙率、水深、弯道以及风、气压和潮汐等，使得天然河流中的水流大多呈紊流状态。由水力学可知，紊流中水质点的流速，不论其大小、方向如何，都是随时间的变化而不断变化的，这种现象称为流速脉动现象。

流速脉动现象是由水流的紊动而引起的，紊动越强烈，脉动也越明显。通过水力学试验发现，流速水头有上下振动的现象，同时还发现河床粗糙则脉动增强，否则减小。用流速仪在河流中测速，也可观测到流速脉动的现象。

一般来说，山区河流的脉动强度大于平原河流，封冻时冰面下的流速脉动也很强烈。这些都反映了河床粗糙程度对脉动的影响。

应说明的一点是，在河流中进行的流速脉动试验，因受流速仪灵敏度的限制，测得的流速都不是真正的瞬时流速，仍然是时段平均值，只不过时段较短，因此测得的流速脉动变化过程仅是近似的。

2. 河道中流速分布

研究河流中的流速分布主要是研究流速沿水深的变化，即垂线上的流速分布，以及流速在横断面位置上的变化。研究流速分布对泥沙运动、河床演变等都有很重要的意义。

3. 流量模的概念

河道中的流速分布，沿着水平与垂直方向都是不同的，为了描述流量在断面内的形态，可采用流量模型的概念。通过某一过水断面的流量，是以过水断面为垂直面、水流表面为水平面、断面内各点流速矢量为曲面所包围的体积，表示单位时间内通过过水横断面的水的体积。该立体图形称为流量模型，简称流量模，它形象地表示了流量的定义。

通常情况下，用流速仪测流时，是假设将断面流量模型垂直切割成许多平行的小块，每一块称为一个部分流量；在超声波分层积宽测流时，是假设将断面流量水平切割成许多层部分流量。

在过水断面内，不同部位对流量的叫法有以下几种：①单位流量。单位时间内，水流通过某一单位过水面积上的体积。②单宽流量。单位时间内，水流通过以某一垂线水深为中心的单位河宽过水面积上的体积。③单深流量。单位时间内，水流通过以水面下某一深度为中心的单位水深过水面积上的体积。④部分流量。单位时间内，水流通过某一部分河宽过水面积上的体积。

## 二、断面测量

断面测量是流量测验工作重要的组成部分。断面流量要通过对过水断面面积及流速的测定来间接加以计算，因而断面测量的精度直接关系到流量测验的精度。同时，断面资料又为研究部署测流方案、选择资料整编方法提供依据，对于研究分析河床的演变规律、航道或河道的整治都是必不可少的。

### （一）断面测量内容

垂直于河道或水流方向的截面称为横断面，简称断面。断面与河床的交线称为河床线。

水位线以下与河床线之间包围的面积称为水道断面，它随着水位的变化而变动；历史最高洪水位与河床线之间包围的面积称为大断面，它包括水上及水下两部分。

断面测量的内容是测定河床各点的起点距（即距断面起点桩的水平距离）及其高程，对水上部分各点高程采用四等水准测量，对水下部分则是测量各垂线水深并观读测深时的水位。

### （二）断面测量的基本要求

1. 测量范围

大断面测量应测至历史最高洪水位以上 0.5 ~ 1.0 m。漫滩较远的河流可只测至洪水边界，有堤防的河流应测至堤防背河侧地面为止。

2. 测量时间

大断面测量宜在枯水期单独进行，此时水上部分所占比重大，易于测量，所测精度也高。水道断面测量一般与流量测验同时进行。

3. 测量次数

对新设测站的基本水尺断面、测流断面、浮标断面、比降断面，均应进行大断面测量。断面设立后，对于河床稳定的测站，每年汛期前复测 1 次；对河床不稳定的测站，除每年汛前汛后施测外，还应在每次较大洪峰后加测（汛后及较大洪峰后，可只测量洪水淹没部分），以掌握断面冲淤的变化过程。

4. 精度要求

大断面岸上部分的测量应采用四等水准测量。施测前应清除影响测量的杂草及其他障碍物,可在地形转折点处打入标有编号的木桩作为高程的测量点。测量时前后视距不等差不超过 5 m，累积差不超过 10 m，往返测量的高差不符值在 $\pm30\sqrt{K}$ mm（$K$ 为往返测量或左右路线所算得的测段路线长度的平均长度，单位为 km）。地形复杂的测站可低于四等水准测量。

### （三）水深测量

1. 测深垂线的布设

（1）垂线的布设原则

测深垂线应均匀分布，并能控制河床变化的转折点，使部分水道断面面积无大补大割情况。当河道有明显漫滩时，主槽部分的测深垂线应较滩地更密。

（2）对测深垂线数目的规定

大断面测量水下部分最少测深垂线数目见表 2–1。

**表 2–1　大断面测量水下部分最少测深垂线数目**

| 水面宽度 /m | | < 5 | 5 | 50 | 100 | 300 | 1000 | > 1 000 |
|---|---|---|---|---|---|---|---|---|
| 最少测深垂线数 / 条 | 窄深河道 | 5 | 6 | 10 | 12 | 15 | 15 | 15 |
| | 宽浅河道 | — | 6 | 10 | 15 | 20 | 25 | > 25 |

注：水面宽与平均水深比值小于 100 为窄深河道，大于 100 为宽浅河道。

对新设站，为取得精确的测深资料，为以后进行垂线精简分析打基础，要求测深垂线数不少于上表规定数量的 1 倍。

（3）垂线数及布设位置对断面测量精度的影响

水道断面测量的精度会直接影响流量测验的精度，假设断面平均流速无误差，断面测量无误所引起的计算流量的相对误差可表示为：

$$(Q'-Q)/Q=(F'-F)/F$$

式中，$F'$ 与 $F$ 分别为正确和含有误差的水道断面面积；$Q$ 与 $Q'$ 分别为正确和含有误差的断面流量。

从上式可知，当断面平均流速已知时，水道断面的相对误差将引起等量的流量相对误差。为了得到测量精确的断面资料，一定数量的测深垂线及选择合理的垂线位置是保证断面流量成果精度的前提。根据实测资料分析，测深垂线数量与断面面积误差有以下关系。

第一，断面面积的相对误差随着平均水深的增大而减小。在相同断面平均水深下，相对误差随着测深垂线数的增加而逐渐减少。一般情况下，多数水文站是可以保证其误差控制在 ±3% 以内。

第二，从测深垂线数与误差关系线可知，测深垂线数与误差关系线呈上陡下缓特性，说明在垂线数较少时，若再减少垂线，误差将增加很大；反之，若有一定数量的垂线，再增加垂线数对提高断面精度意义不大。

第三，垂线位置对断面面积误差的影响。控制河床变化转折点是十分重要的，否则将造成很大的误差。在平均水深相同的情况下，由于河床变化转折点控制得不好，结果出现较多垂线断面误差比较少垂线断面误差还要大的情况。

第四，一般情况下，断面测深垂线位置应予以固定。但当冲淤变化较大、河床断面显著变形时，应及时调整、补充测深垂线，以减少断面测量误差。

2. 水深测量方法

根据不同的测深仪器及工作原理，水深测量可划分成以下几种情况。

（1）测深杆、测深锤测深

①测深杆测深。将刻有读数标记、下端装有一个圆盘的测杆垂直放入水中进行直接测深。它适用于水深较浅、流速较小的河流。测深杆测深可用船测或涉水进行。

②测深锤测深。将测深锤（铁砣）上系有读数标记的测绳放入水中进行测深。该法适用于水库或水深较大但流速小的河流。

（2）悬索测深

悬索测深是用悬索（钢丝绳）悬吊铅鱼，测定铅鱼自水面下放至河底时，绳索放出的长度。该法适用于水深流急的河流，应用范围广泛，是目前江河断面测深的主要测量方法之一。

在水深流急时，水下部分的悬索和铅鱼受到水流的冲击而偏向下游，与铅垂线之间产生的一个夹角称为悬索偏角。为减小悬索偏角，铅鱼形状应尽量接近流线型，表面光滑、尾翼大小适宜，要求做到阻力小、定向灵敏，各种附属装置应尽量装入铅鱼体；同时，铅鱼要具有足够的重量。铅鱼重量的选择应根据测深范围内水深流速的大小而定。对使用测船的测站，还应考虑在船舷一侧悬吊铅鱼对测船安全性与稳定性的影响以及悬吊设备的承载能力等因素。

（3）超声波测深

利用超声波在不同介质的界面上具有定向反射的这一特性，从水面垂直向河底发射一束超声波，声波即通过水体传播至河底，并以相同时间和路线返回水面。根据声波在水中的速度，测定往返所需的传播时间，便可计算出水深。

### （四）起点距测定

大断面和水道断面的起点距，均以高水位的断面起点桩（一般为设在岸上的断面桩）作为起算零点。起点距的测定也就是测量各测深垂线距起点桩的水平距离。常用方法有平面交会法、极坐标交会法、全球定位系统、断面索法和计数器法等。

### （五）断面资料的整理与计算

断面测量工作结束后应及时对断面资料加以整理与计算，主要内容包括：检查测深与起点距垂线数目及编号是否相符、测量时的水位及附属项目是否填写齐全、计算各垂线起点距、根据水位变化及偏角大小确定是否需要进行水位涨落改正及偏角改正、计算各点河底高程并绘制断面图、计算断面面积等。

## 三、流速仪测流

### （一）流速仪

一般常用的流速仪是机械式转子流速仪。转子流速仪分为旋杯式和旋桨式。仪器惯性力矩小，旋轴的摩阻力小，对流速的感应灵敏；结构坚固，不易变形；支承及接触部分装在体壳内能防止进水进沙，在含沙含盐的水中都能应用；结构简单，使用方便，便于拆装、清洗、修理；体积小、重量轻，便于携带，价格低，便于推广。但是，水流含沙量较大时仪器转轴加速、漂浮物多时仪器易被缠绕等问题难以解决。因此，各国研究采用其他感应器来测速，如超声波流速仪、电磁流速仪、光学流速仪等，这些流速仪都称为非转子式流速仪。

## （二）流速仪测速的方法

流速仪法测流是目前使用最广泛的方法，也是最基本的测流方法，同时也是评定和衡量各种测流新方法精度的标准。近年来尽管测流新技术得到了迅速的发展，但在相当长的时间内流速仪法测流还不可能被完全取代。

用流速仪法测流时必须在断面上布设测速垂线和测速点，以测量断面积和流速。测流的方法根据布设垂线、测点的多少和繁简程度的不同可分为精测法、常测法和简测法；根据测速方法的不同，又可分为积点法和积深法。

### 1. 测速垂线的数目与布置

在断面上布设测速垂线的多少取决于所要求的流量精度，取决于垂线平均流速沿断面分布的变化情况，此外还应考虑节省人力和时间。因此，合理的测速垂线数目应能充分反映横断面流速分布的最少垂线数。

我国对测速垂线数目的规定主要是根据河宽和水深而定的。宽浅河道测速垂线数目多一些，窄深河道则少一些。一般国际上多采用多线少点测速，国际标准建议测速垂线不少于 20 条，任一部分流量不超过总流量的 10%。

垂线应均匀分布，并控制断面地形和流速沿河宽分布的主要转折点。主槽应较滩地更密；测流断面内大于总流量 1% 的独股水流、串沟，应布设测速垂线；随水位级的不同，断面形状或流速横向分布有较明显变化的，可分高、中、低水位级分别布设测速垂线。

另外，测速垂线布置应尽量固定，以便于测流成果的比较，了解断面冲淤与流速变化情况，研究测速垂线与测速点数目的精简分析。当遇到水位涨落或河岸冲淤，靠岸边的垂线离岸边太远或太近时，应及时调整或补充测速垂线；当断面出现死水、回流，需确定死水、回流边界或回流量时，应及时调整或补充测速垂线；当河流地形或流速沿河宽分布有明显变化时，应及时调整或补充测速垂线；当冰期的冰花分布不均匀、测速垂线上冻实、靠近岸边与敞露河面分界处出现岸冰时，应及时调整或补充测速垂线。

### 2. 精测法、常测法与简测法

精测法是指在较多的垂线和测点上，用精密的方法测速以研究各级水位下测流断面水力要素的特点并为制定精简测流方案提供依据的方法。精测法工作量大，不适于日常工作，主要是为分析、研究和积累资料。

常测法是指在保证一定精度的条件下，经过精简分析，直接用较少的垂线、测点测速和测算流量的方法。该法是平时测流常采用的方法。

简测法是为适应特殊水情，在保证一定精度的前提下，经过精简分析，用尽可能少的垂线、测点测速的方法。

3. 积点法测速与测速点

积点法测速就是在断面的各条线上将流速仪放在许多不同的水深点处逐点测速，然后计算流速、流量。这是目前最常用的测速方法。

垂线上测速点的数目主要考虑资料精度要求、节省人力与时间。用精测法测流时，测速垂线上测速点数目应根据水深及流速仪的悬吊方式等条件而定。测速点的位置主要决定于垂线流速分布。

4. 积深法测速

积深法测速不是流速仪停留在某点上测速，而是流速仪沿垂线匀速提放测得流速。该方法可直接测得垂线平均流速，减少测速用时，是简捷的测速方法，故采用常测法、简测法测流时，可用积深法测速。

## 四、其他测流方法

### （一）量水建筑物测流

量水建筑物测流属于水力学法测流，它是由测得的水位或水深水头等数据代入水力学公式计算出流量。该方法比流速仪法测流简单，观测人员少，量测精度较高，使用方便（主是用于小流量的测定），而且容易实现遥测，便于电子计算机处理数据。常用的量水建筑物有量水槽、量水堰等。量水建筑物类型的选择，主要根据流量大小、河床特性等情况而定。

### （二）水电站测流

水电站测流可以在引水渠压力水管、水轮机蜗壳或尾水渠上进行。在引水渠和尾水渠上可以采用一般河流上的测流方法，应用最广的是流速仪法。在压力水管和蜗壳中测流的方法有流速仪法、盐溶液法、指数法、抽水法、压力时间法、毕脱管法、文德利管法和摩擦损失落差法等。

### （三）超声波测流

超声波测流是利用超声波传播具有很强的方向性，超声波传播速度与水流流速成正比例变化，以及超声波的多普勒效应等特性测定流速及流量。该方法在实际应用中可分为三大类：第一类是利用超声波在水中传播时间的变化来反映水流速度的变化，包括时差法、频差法和相位差法；第二类是利用声波波束偏移的方法，即声束偏移法；第三类是利用多普勒原理，即多普勒法。

## 第四节　坡面流测验与泥沙测验

### 一、坡面流测验

坡面流在小流域地表径流中占很重要的地位，从坡面流失的泥沙是河流泥沙的主要源来源。同时，人类活动很大一部分是在坡地上进行的，特别是山丘区。因此，了解和掌握人类活动对坡面流和坡面泥沙的影响程度是必要的。目前，测定坡面流主要采用实验沟和径流小区两种方法。

#### （一）实验沟和径流小区的选定

选择实验沟和径流小区时，应考虑以下三个方面的内容。

第一，实验区的植被、土壤、坡度及水土流失等应有代表性，即对实验所取得的经验数据应具有推广意义。严禁在有破碎断裂带构造和溶洞的地方选点。

第二，选择的实验沟，其分水线应清楚，应能汇集全部坡面上的来水，并在天然条件下便于布置各种观测设备。

第三，选定的实验沟、径流小区的面积一般应满足研究单项水文因素和对比的需要。实验沟的面积不宜过大，径流小区的面积可从几十平方米至几千平方米，根据具体的地形和要求而定。

#### （二）实验沟的测流设施

为了测得实验沟的坡面流量及泥沙流失量，测验设施由坡面集流槽、出口断面的量水建筑物及沉沙池组成。

地面集流槽沿天然集水沟四周修建，其内口（迎水面）与地面齐平，外口略高于内口，断面呈梯形或矩形的环形槽。修建时应尽量使天然集水沟的集水面积缩到最小，而集水沟只起汇集拦截坡面流和坡面泥沙的作用。为使壤中流能自由通过集流槽，修建时槽底应设置较薄的过滤层。为了防止集流槽开裂漏水，槽的内壁可用高标号水泥浆抹面或采取其他保护措施。为了使集流槽内的水流畅通无阻，在内口边缘应设置一道防护栅栏，防止坡面的枝叶、杂草落入槽内。在集流槽两侧端点出口处，设立量水堰和沉沙池。在天然集水沟出口处，再设立测流槽等量水建筑物，以测定总流量和泥沙。

#### （三）径流小区的测流设施

为了研究坡地汇流规律可在实验区的不同坡地上修建不同类型的径流小区来观

测降雨、径流和泥沙，以此分析各自然因素、人类因素与汇流的关系。

径流小区适用于地面坡度适中、土壤透水性差、湿度大的地区。在平整的地面，一般为宽 5 m（与等高线平行）、长 20 m、水平投影面积为 100 $m^2$ 的区域。此外，根据任务、气象、土壤、坡长等条件，也可采用如下尺寸：10 m × 20 m、10 m × 40 m、10 m × 80 m、20 m × 40 m、20 m × 80 m、20 m × 150 m。

径流小区可以两个或多个排列在同一坡面，两两之间合用护墙。如受地形限制，也可单独布置。小区的下端设承水槽，其他面设截水墙。截水墙可用混凝土、木板、黏土等材料修筑，墙应高出地面 15 ~ 30 cm，上缘呈里直外斜的刀刃形，入土深 50 cm，截水墙外设置截水沟，以防外来径流窜入小区。截水沟距截水墙边坡应不小于 2 m，沟的断面尺寸视坡地大小而定，以能排泄最大流量为宜。

径流小区下部承水槽的断面呈矩形或梯形，可用混凝土、砖砌，用水泥抹面。水槽需加盖，防止雨水直接入槽，盖板坡面应朝向场外。槽与小区土块连接处可用少量黏土夯实，防止水流沿壁流走。槽的横断面不宜过大，以能排泄小区内最大流量为准。

承水槽有引水管，与积水池连通，引水管的输水能力按水力学公式进行计算。积水池的量水设备有径流池、分水箱、量水堰、翻水斗等多种，可根据要求选用。如选用径流池作为量水设备，池的大小应以能汇集小区某频率洪水流量为宜。池壁要设水尺和自记水位计，测量积水量。池底要设排水孔。池应有防雨盖和防渗设施，以保证精度。

一般采用体积法观测径流，即根据径流池水位上升情况计算某时段的水量。测定泥沙也是采用的取水样称重法，即在雨后从径流池内采集单位水样，通过量体积、沉淀、过滤、烘干和称重等步骤即可求得含沙量。取样时，先测定径流池内的泥水总量，然后搅拌泥水，再分层取样 2 ~ 6 次，每次取水样 0.1 ~ 0.5 L，把所取水样混合起来，再取 0.1 ~ 1 L 水样，即可分析含沙量。如池内泥水较多或池底沉泥较厚，搅拌有困难时，可先用明矾沉淀，没出上部清水，并记录清水量，再算出泥浆体积，取泥浆 4 ~ 8 次混合起来，取 0.1 L 的泥浆样进行分析。

径流小区的径流量和泥沙冲刷量的计算方法如下。

径流：由总径流量（L）除以 1 000，得总水量（$m^3$）。

冲刷：由总泥水量（$m^3$）乘单位含沙量（$g/m^3$），再除以 1 000，得总输沙量（kg）。

径流深等于总水量（$m^3$）除以 1 000 再除以径流小区面积的积。侵蚀模数等于总输沙量（kg）除以 1 000 再除以径流小区面积的积。

### （四）插签法

在精度要求较低时，可用插签法估算土壤的流失。在土壤流失区内，根据各种土壤类型及其地表特征，布设若干与地面齐平的铁签或竹签，并测出铁签、竹签的高程，经过若干时间后，再测定铁签、竹签裸露于地面的高程。将这两次测得的高程之差即为冲刷深（mm），再使其乘以实测区内的面积，所得数值即为冲刷量。

## 二、泥沙测验

### （一）泥沙测验的意义

河流中不同数量的泥沙淤积河道致使河床逐年抬高，这样容易造成河流的泛滥和游荡，给河道治理带来很大的困难。由于下游泥沙的长期沉积，黄河形成了举世闻名的“悬河”，这正是水中含沙量大所致。泥沙的存在使水库淤积，缩短工程寿命，降低工程的防洪、灌溉、发电能力；泥沙还会加剧水力机械和水工建筑物的磨损，增加维修次数和工程造价成本等。泥沙也有其有利的一面：粗颗粒河沙是良好的建筑材料；将细颗粒泥沙用于灌溉，可以改良土壤，使盐碱沙荒变为良田；抽水放淤可以加固大堤，从而增强抗洪能力。

对一个流域或一个地区而言，要想达到兴利除害的目的就要了解泥沙的特性、来源、数量及时空变化，为流域的开发和国民经济建设提供可靠的依据。为此，必须开展泥沙测验工作，系统地搜集泥沙资料。

### （二）河流泥沙的分类

泥沙分类形式很多，从泥沙测验方面来讲，主要考虑泥沙的运动形式和其在河床上的位置。

按运动形式，河流泥沙可分为悬移质、推移质与河床质。悬移质泥沙是指悬浮于水中，随水流一起运动的泥沙；推移质泥沙是指在河床表面，以滑动滚动或跳跃形式前进的泥沙；河床质泥沙是组成河床活动层处于相对静止的泥沙。

按在河床中的位置，河流泥沙可分为冲泻质和床沙质两种。冲泻质泥沙是悬移质泥沙的一部分，它由更小的泥沙颗粒组成，能长期悬浮于水中而不沉淀，在水中数量的多少与水流的挟沙能力无关，只与流域内的来沙条件有关；床沙质泥沙是河床质的一部分，与水力条件有关，当流速大时，可以成为推移质和悬移质泥沙，当流速小时，沉积不动成为河床质泥沙。

因泥沙运动受到本身特性和水力条件的影响，各种泥沙之间没有严格的界限。当流速小时，悬移质泥沙中一部分粗颗粒泥沙可能沉积下来成为推移质或河床质泥沙；反之，推移质或河床质泥沙中的一部分，在水流的作用下悬浮起来成为悬移质泥沙。随着水力条件的不同，它们之间可以相互转化，这也是泥沙治理困难的原因所在。

河流泥沙测验的内容，包括悬移质、推移质泥沙的数量和颗粒级配以及河床质泥沙的颗粒级配。

### （三）河流泥沙的脉动现象

与流速脉动一样，泥沙也存在脉动现象，而且脉动的强度更大。在水流稳定的情况下，断面内某一点的含沙量是随时在变化的，它不仅受流速脉动的影响，而且还与泥沙特性等因素有关。

据研究，河流泥沙脉动强度与流速脉动强度及泥沙特性等因素有关，且大于流速脉动度。泥沙脉动是影响泥沙测验资料精度的一个重要因素，在进行泥沙测验及其仪器的设计和制造时，必须充分考虑。

### （四）悬移质泥沙在断面内的分布

悬移质泥沙含沙量在垂线上的分布，一般是从水面向河底呈递增趋势。含沙量的变化梯度还随泥沙颗粒粗细的不同而不同。颗粒越粗，梯度变化越大；颗粒越细，梯度变化越小。这是由于细颗粒泥沙属冲泻质，不受水力条件影响，能较长时间漂浮在水中不下沉所致。由于垂线上的泥沙包含所有粒径的泥沙，故含沙量在垂线上的分布呈上小下大的曲线形态。

悬移质泥沙含沙量沿断面的横向分布，随河道情势横断面形状和泥沙特性而变。如河道是顺直的单式断面，当水深较大时，含沙量横向分布比较均匀；在复式断面上，或有分流漫滩、水深较浅、冲淤频繁的断面上，含沙量的横向分布将随流速及水深的横向变化而变化。一般情况下，含沙量的横向变化较流速横向分布变化小，如岸边流速趋近于零，而含沙量却不趋近于零，这是由于流速与水力条件主要影响悬移质泥沙中的粗颗粒泥沙及床沙质泥沙的变化，而对悬移质泥沙中的细颗粒（冲泻质）泥沙影响不大。因此，河流的悬移质泥沙颗粒越细，沙量的横向分布就越均匀，否则相反。

### （五）悬移质泥沙的测验与计算

悬移质泥沙的两个定量指标是含沙量和输沙率。单位体积的浑水中所含干沙的重量称为含沙量，通常用 $\rho$ 表示，单位为 kg/m$^3$。单位时间内流过某断面的干沙重量称为输沙率，以 $Q_s$ 表示，单位为 kg/s。

如果知道了断面输沙率随时间的变化过程，就可算出任何时段通过该断面的泥沙重量。

输沙率与含沙量之间的关系，可表示为：

$$Q_s=Q\bar{\rho}$$

式中，$Q_s$ 为断面输沙率，单位为 kg/s；$Q$ 为断面流量，单位为 m$^3$/s；$\bar{\rho}$ 为断面平均含沙量，单位为 kg/m$^3$。

由此可知，要求得 $Q_s$ 就要先求 $Q$ 及 $\bar{\rho}$。流量的测验前面已经介绍过，断面平均含沙量的推求是悬移质泥沙测验的主要工作。由于天然河流过水断面上各点的含沙量并不一致，必须由测点含沙量推求垂线平均含沙量，由垂线平均含沙量推求部分面积的平均含沙量。部分平均含沙量与同时测流的同一部分面积上的部分流量相乘，即得部分输沙率。全断面的部分输沙率之和，即为断面输沙率。用断面流量除以断面输沙率即为断面平均含沙量。因此，断面输沙率测验可与流量测验同时进行。

### （六）推移质泥沙的测验和计算

河中推移质泥沙的数量一般远小于悬移质，但它是参与河道冲淤变化的泥沙的重要组成部分。对水库淤积、水工建筑物及有关设备的磨损、河道整治等方面而言，推移质泥沙的资料是很重要的。

推移质泥沙输沙率 $Q_b$ 是单位时间通过断面的推移质泥沙的数量，单位为 kg/s。推移质泥沙输沙率的测验工序是：先在断面上布置若干测线，这些测线尽可能与悬移质泥沙含沙量的测线重合，但数量可稍微少一些。在每条测线上用采样器在河底的一定宽度内，截取一定时期内流过的推移质泥沙，从而计算出断面推移质泥沙输沙率。

计算的方法有分析法和图解法，但无论采用哪种方法都要先计算垂线的基本输沙率，即单位宽度内的输沙率，它是推移质泥沙运动强度的一个指标。基本输沙率可按下式计算：

$$q_b=100W_b/(tb_k)$$

式中，$q_b$ 为基本输沙率，单位为 g/（s·m）；$W_b$ 为沙样重，单位为 g；$t$ 为取样历时，单位为 s；$b_k$ 为取样器的进口宽，单位为 cm。

用图解法计算推移质泥沙输沙率时，在断面图上以各垂线的基本输沙率 $q_b$ 为纵坐标，以起点距为横坐标，绘制基本输沙率沿断面的分布曲线。绘图时应注意分布曲线两端基本输沙率为 0 处。如未测到 0 点，可根据靠边测线的经点按趋势估计绘出。然后，用求积仪或数方格的方法，求出基本输沙率分布曲线所包围的面积，按比例尺换算即可得修正前的断面推移质泥沙输沙率（g/s）。这里提到修正的原因是前面计算基本输沙率时，是根据采样器中的沙样重量计算的。实际上，采样器中观测到的沙重并不等于原河道上测线附近宽度为 $b_k$ 的范围内在取样历时 $t$ 内通过的推移质泥沙重量。前者与后者的比值通常称为采样器的效率系数，随采样器的型式而定。显然，修正系数应为效率系数 $K_E$ 的倒数，即断面的推移质泥沙输沙率的计算式为：

$$Q_b=kQ'_b$$

式中，$Q_b$ 为推移质泥沙输沙率，单位为 kg/s 或 t/s；$Q'_b$ 为修正前推移质泥沙输沙率，单位为 kg/s 或 t/s；$k$ 为修正系数。

为了掌握推移质泥沙输沙率的变化过程，完全依靠上述测验断面推移质泥沙输沙率的办法有困难。为了计算月、年输沙量，通常有以下办法：其一，利用单位推移质泥沙基本输沙率（简称单推）与推移质泥沙断面输沙率（简称断推）的关系，根据单推的过程推求断推过程，从而得出月、年输沙量。所谓单推，是指在断面某一测线上测得的基本输沙率，它与断推之间具有良好的关系。单推取样的垂线位置应尽可能靠近中泓线，因为中泓线处推移质泥沙的数量较大，且一般与断推的关系较稳定。其二，利用推移质泥沙输沙率和断面平均流速、流量、水位等水力因素的关系，通过这些水力因素较详细的观测资料，推求推移质泥沙输沙率的变化过程，从而求得月、年推移质泥沙输沙量。

推移质泥沙取样是将采样器放到河底直接采集推移质泥沙的沙样。采样器的阻水作用使床面上正在运行的推移质泥沙的水力条件发生变化，进入器内的水流发生挤压，流速也发生变化，致使采样器测得的推移质泥沙输沙量常小于天然情况下的输沙量。常用流速系数 $K_v$ 与效率系数 $K_E$ 来说明采样器的水力特性与工作特性。流速系数 $K_v$ 是指采样器器口平均流速与原天然状态下器口位置处平均流速的比值。效率系数的意义前面已经提到。由于推移质泥沙在山区河流上主要为卵石，而在下游平原河流上则主要为细沙，因而对采样器的要求也是不同的。推移质泥沙采样器主要分为网式采样器与压差式采样器两类，前者适用于采集卵石，后者适用于采集细沙。

以上所述各类采样器的采样效率 $K_E$ 取值都是根据采样器模型的水槽试验的结果而定。由于模型试验不能完全模拟天然河道的情况，因而对实际工作中采用的 $K_E$ 值的可靠性有相当大的影响。如何使采样器的值比较稳定，并在野外确定其数值，是推移质泥沙测验中的重要问题。

### （七）河床质泥沙测验

采集河床质泥沙的目的是进行河床质泥沙的颗粒分析，取得泥沙颗粒级配资料，供分析研究悬移质泥沙含沙量和推移质泥沙基本输沙率的断面横向分布时使用。另外，河床质泥沙的颗粒级配状况也是研究河床冲淤变化，利用理论公式估算推移质泥沙输沙率，研究河床糙率等的基本资料。

河床质泥沙的测验一般只在悬移质和推移质泥沙测验做颗粒分析的各测次中进行，在施测的悬移质、推移质泥沙的各测线上取样。采样器应能取得河床表层 0.1 ～ 0.2 m 以内的沙样，在仪器上提时，器内沙样应不致被水冲走。沙质河床质泥沙采样器有圆锥式、钻头式、悬锤式等类型。取样时都是将器头插入河床，切取沙样。卵石河床质泥沙采样器有锹式与蚌式，取样时将采样器放至河床上掘取河床质泥沙样品，以供颗粒分析使用。

# 第五节 水文调查与水文资料的收集

## 一、洪水调查

进行洪水调查前，首先要明确洪水调查的任务，收集有关该流域的水文、气象等资料，了解有关的历史文献，这样可以了解历年洪水大小的概况，但定量的任务仍要通过实地调查和分析计算来完成。

在调查工作中应注意调查洪痕高程，即洪水位。尽可能找到有固定标志的洪痕，否则要多方查证其可靠性，并估计其可能的误差。洪痕调查应在一个相当长的河段上进行，这样得出的洪痕较多，便于分析判断洪痕的可靠性，提高确定水面比降的精度。当然，在一个调查河段上不应有较大支流汇入。此外，还应注意调查洪水发生时间，包括洪水发生的年、月、日、时以及洪水涨落过程，这可为估算洪水过程、总水量提供依据。对洪水过程中的断面情况与调查时河床情况的差异，也应尽可能调查清楚。

计算洪峰流量时，若调查所得的洪水痕迹靠近某一水文站，可先获取水文站基本水尺断面处的历史洪水位高程，然后延长该水文站实测的水位流量关系曲线，以求得历史洪峰流量。若调查洪水的河段比较顺直，断面变化不大，水流条件近于明渠均匀流，可利用曼宁公式计算洪峰流量。

明渠均匀流计算所要求的条件在天然河道的洪水期中较难满足，因为一般调查出来的历史洪水位除有明确的标志外，一般都有较大的误差。如果要减小水位误差对比降的影响，只能把调查河段延长。在一个较长的河段上，要保持河道断面一致的条件就很困难了，此时就要采用明渠非均匀流的计算办法。

## 二、暴雨调查

历史暴雨时隔已久，难以调查到确切的数量。一般是通过群众对当时雨势的回忆，或与近期发生的某次大暴雨相对比，得出定性的概念；也可通过群众对当时地面坑塘积水、露天水缸或其他器皿承接雨水的程度的叙述，分析估算降水量。

对于近期发生的特大暴雨，只有当暴雨地区观测资料不足时才需要事后进行调查。调查的条件较历史暴雨调查有利，对雨量及过程可以了解得更具体确切。除可据群众观测成果以及盛水器皿承接雨量情况做定量估计外，还可对一些雨量记录进行复核，并对降雨的时、空分布做出估计。

### 三、枯水调查

历史枯水调查一般比历史洪水调查更困难。不过有时也能找到历史上有关枯水的记载，但这种情况比较少。一般只能根据当地较大旱灾的旱情、无雨天数、河水是否干涸断流、水深情况等来分析估算当时的最小流量、最低水位及发生时间。

当年枯水调查可结合抗旱灌溉用水调查进行。当河道断流时，应调查开始时间和延续天数。有水流时，可用简易方法估测最小流量。

### 四、水文资料的收集

水文资料是水文分析的基础，收集水文资料是水文计算的基本工作之一。水文资料的来源主要为国家水文站网观测整编的资料，即由主管单位逐年刊布的水文年鉴。水文年鉴按全国统一规定，分流域、干支流及上下游，每年刊布一次。

年鉴中载有：测站分布图、水文站说明表及位置图，各站的水位、流量泥沙、水温、冰凌、水化学、地下水、降水量、蒸发量等资料。

当需要使用近期尚未刊布的资料，或需查阅更详细的原始记录时，可向各有关机构申请索要。水文年鉴中不刊布专用站和实验站的观测资料及整编、分析成果，需要时可向有关部门申请索要。

水文年鉴仅刊布各水文测站的资料。各地区水文部门编制的水文手册和水文图集是在分析研究该地区所有水文站的资料的基础上编制出来的，它载有该地区的各种水文特征值等值线图及计算各种径流特征值的经验公式。利用水文手册和水文图集便可以估算无水文观测资料地区的水文特征值。由于编制各种水文特征的等值线图及各径流特征的经验公式时，依据的小河资料较少，当利用手册及图集估算小流域的径流特征值时，应根据实际情况做必要的修正。

当上述年鉴、手册、图集所载的资料不能满足要求时，可向其他单位申请索要更多资料。例如，有关水质方面的更详细的资料，可向环境监测站申请索要；有关水文气象方面的资料，可向气象台站申请索要。

## 第六节　水文统计与概率

### 一、概述

水文现象涉及范围大、空间变化大，很难对每一点的相关变量进行观测和预测。同时许多水文极值也是不可预测的，唯一的方法是通过对历史观测资料的汇总、分析、评价去估计它们可能的大小与范围。从这个意义上来说，水文学是一种观测科学。目前的水文分析计算就是根据已经观测到的水文资料，利用数理统计的方法找水文现象的统计规律性，以对未来可能发生的水文情势进行预估。

### （一）随机事件

在客观世界中，不断地出现和发生一些事物和现象。这些事物和现象可以统称为事件。事件的发生有一定的条件。就因果关系来看，有一类事件是在一定的条件下必然发生的（如地球绕太阳旋转），这种在一定的条件下必然发生的事件称为必然事件。

另有一类事件在一定的条件下是必然不发生的（如石头不能孵化成小鸡，太阳不会从西边出来）。这种在一定的条件下必然不发生的事件称为不可能事件。必然事件或不可能事件虽然不同，但又具有共性，即在因果关系上都具有确定性。

除了必然事件和不可能事件外，在客观世界中还有另外一类事件，这类事件发生的条件和事件的发生与否之间没有确定的因果关系，这种事件称为随机事件。

在长期的实践中人们发现，虽然对随机事件进行一两次或少数几次观察，随机事件的发生与否没有什么规律，但如果进行大量的观察或试验，可以发现随机事件具有一定的规律性。比如一枚硬币，投掷一次或几次的时候看不出什么规律，但是在同样的条件下，把硬币投掷成千上万次，就会发现硬币落地时正面朝上和反面朝上的次数大致是相等的。再如，一条河流的某一个断面的年径流量在各个年份是不相同的，但进行长期观测，如观测 30 年、50 年、80 年，就会发现年径流量的多年平均值是一个稳定数值。

随机事件所具有的这种规律称为统计规律。具有统计规律的随机事件的范围是很广泛的。随机事件可以是具有属性性质的，比如投掷硬币落地的时候哪一面朝上，出生的婴儿是男孩还是女孩，天气是晴、是阴，有没有雨、雪，城市里交通事故的发生等。随机事件也可以是具有数量性质的，比如射手打靶的环数、建筑结构试件破坏的强度、某条河流发生洪水的洪峰流量等。

### （二）总体和样本

客观世界中存在着许多具有随机性的事物。在数理统计中，把所研究对象的全体称为总体，把总体中的每一个基本单位称为个体。如一条河流，当研究年径流量的时候，河流有史以来的各年年径流量的全体就是总体，不同年份的年径流量就是个体。如果所研究的随机事物对应着实数，则总体就是一个随机变量（可以记为 $X$），而个体就是随机变量的一个取值（可以记为 $x_i$）。

一般情况下，总体是未知的。因为不能对总体进行普查研究，总体实际上是无法得到的。比如，无法掌握一条河流在其形成以来漫长时期内所有年份的年径流量。我们也不能对工地上所有的钢筋都进行破坏性试验，以此来检验钢筋的强度。为了了解和掌握总体的统计规律，通常是从总体中抽取一部分个体，对这部分个体进行观察和研究，并且由这部分个体对总体进行推断，从而掌握总体的性质和规律。这种方法称为抽样法。从总体中抽取的部分个体称为样本。

当总体是随机变量的时候，所抽取的每一个样本是一组数字。比如随机变量 $X$ 的一个样本 $X_j$ 就由数字 $x_1$，$x_2$，…，$x_i$，…，$x_n$ 组成。样本里面包含个体的个数 $n$ 称为样本容量。

当抽取样本时随意抽取，不带有任何主观成分时，所得到的样本称为随机样本。水文变量总体是无限的，现有的水文观测资料可以认为是水文变量总体的随机样本。样本只是总体的一部分，由样本来推断总体的统计规律显然会有误差。这种由样本推断总体统计规律而产生的误差称为抽样误差。一般说来，样本容量增大的时候，样本的抽样误差会减小，所以应当尽可能地增大样本容量。

## 二、概率与频率的基本概念

### （一）概率论与统计学

在数学中有概率论和数理统计的分支。研究随机事件统计规律的学科称为概率论。由随机现象一部分实测资料研究和推求随机事件全体规律的学科称为数理统计。进行重复的独立实验，例如抛硬币，即使这些事件本身是不可预测的，一些特殊事件的相对频率、统计规律基本上是在几乎相同的条件下由重复实验得到的。然而，水文学中出现的许多资料是通过观测得来的，而不是由实验所得。对于这些资料，不能通过重复实验来证明。水文工作者不可能对大洪水或枯水做重复实验。因此，水文学对统计学和概率论的应用，在多数情况下依赖于这样一种认识：统计方法是为未来的观测值提供期望值和变化性。

统计学是根据从总体中抽取的样本的性质，对总体性质进行推测的方法。统计学能提供关于总体情况一些不确定的量度。在收集更多的资料以减少不确定度时，统计学能够定量地给出有关信息值。

### （二）概率与频率

概率是表示统计规律的方式。用概率可以表示和度量在一定条件下随机事件出现或发生的可能性。针对不同的情况，概率有不同的定义。

按照数理统计的观点，事物和现象都可以看作试验的结果。

如果试验只有有限个不同的试验结果，并且它们发生的机会都是相同的，又是相互排斥的，则事件概率的计算公式为：

$$P(A)=m/n$$

式中，$P(A)$ 为随机事件 $A$ 的概率；$n$ 为进行试验可能发生结果的总数；$m$ 为进行试验中可能发生事件 $A$ 的结果数。

例如,掷骰子（俗称“掷色子”）的情况就符合以上公式的条件。因掷骰子可能发生的结果是有限的（1 到 6 点），试验可能发生结果的总数是 6，掷骰子掷成 1 点到 6 点的可能性都是相同的，又是相互排斥的（一次掷一个骰子不可能同时出现两个点）。

如果定义 $Z$ 为随机事件“掷骰子的点数大于 2”，则符合 $Z$ 的结果为 3，4，5，6 点四种情况,即事件 $Z$ 可能发生的结果数是 4。按照上述公式,$Z$ 的概率 $P(Z)=4/6=2/3$。

像这种比较简单的，等可能性、相互排斥的情况，是概率论初期的主要研究对象，故按上式确定的事件概率称为古典概率。

在客观世界里，随机事件并不都是等可能性的。如射手打靶打中的环数是随机事件，但打中 0 环到 10 环各环的可能性并不相同，优秀的射手打中 9 环、10 环的可能性大，而新手打中 1 环、2 环的可能性较大。一条河流出现大洪水的可能性和一般洪水的可能性显然也是不同的。

为了表示不是等可能性情况的统计规律,概率论对概率给出了更一般的定义。在同样条件下进行试验，将事件 $A$ 出现的次数 $\mu$ 称为频数，将频数 $\mu$ 与试验次数 $n$ 的比值称为频率，记为 $W(A)$，则：

$$W(A)=\mu/n$$

大量的实践证明，当试验的次数充分大时，随机事件的频率会趋于稳定。

概率的统计定义如下：在一组不变的条件下，重复作 $n$ 次试验，记 $\mu$ 是事件 $A$ 发生的次数，当试验次数很大时，如果频率 $\mu/n$ 稳定地在某一数值 $p$ 的附近摆动，而且一般说来随着试验次数的增多，这种摆动的幅度越变越小，则称 $A$ 为随机事件，并称数值 $p$ 为随机事件 $A$ 的概率，记作：

$$\lim_{n\to\infty} W(A)=P(A)$$

简单地说，频率具有稳定性的事件叫作随机事件，频率的稳定值叫作随机事件的概率。概率的统计定义既适用于事件出现机会相等的情况，又适用于事件出现机会不相等的情况。

必然事件和不可能事件发生的可能性也可以用概率表示。必然事件的概率等于 1（表示事件必然发生）；不可能事件发生的概率等于 0（表示事件发生的可能性是 0，必然不发生）；一般随机事件的概率介于 0 ~ 1 之间。

对于概率的统计定义还需注意，进行统计试验的条件必须是不变的。如果条件发生了变化，即使试验的次数再多，也不能求得随机事件真正的概率。如要确定某一个射手打靶射中不同环数的概率，必须让射手在同样的条件下进行射击，如射击的射程、靶型、武器、风力等都不应改变。类似地，当进行水文统计时，水文现象的各种有关因素也应当是不变的。如果流域的自然地理条件已经发生了比较大的变化，还把不同条件下的水文资料放在一起进行统计就不合理了。当发生这种情况的时候，应当对实测水文资料进行必要的还原和修正以后，再进行统计计算。

### （三）概率运算定理

1. 两事件和的概率

互斥事件是指两个随机事件在一次观测中不可能同时发生。设 $A$ 和 $B$ 是两个互斥事件，在 $N$ 次观测中，事件 $A$ 出现 $N_A$ 次，事件 $B$ 出现 $N_B$ 次，则事件 $A$ 或者事件 $B$ 出现的概率为：

$$P_{A+B}=\lim_{N\to\infty}\frac{N_A+N_B}{N}=P_A+P_B$$

式中，$P_{A+B}$ 为事件 $A$ 或事件 $B$ 发生的概率；$P_A$ 为事件 $A$ 发生的概率；$P_B$ 为事件 $B$ 发生的概率。即两个互斥事件中任意一个出现的概率等于两个事件出现的概率之和。

概率的归一化条件是指全部互斥事件出现的概率为 1，即 $\Sigma P_i=1$。它表明，在一次观测中，全部互斥事件中总有一个要发生。

2. 条件概率

两个事件 $A$、$B$，在事件 $A$ 发生的前提下，事件 $B$ 发生的概率为事件 $B$ 在条件 $A$ 下发生的条件概率，记为：

$$P(B|A)$$

3. 两事件积的概率

两事件积的概率，等于其中一事件的概率乘以另一事件在已知前一事件发生的条件下的条件概率，即：

$$P(AB)=P(A)\times P(B|A),\ P(A)\neq 0$$

$$P(AB)=P(B)\times P(A|B),\ P(B)\neq 0$$

设 $A$ 和 $B$ 是两个独立事件，在 $N$ 次观测中，事件 $A$ 出现 $N_A$ 次，事件 $B$ 出现 $N_B$ 次，则事件 $A$ 和事件 $B$ 同时出现（记为 $A\cdot B$）的概率为：

$$P_{A\cdot B}=\lim_{N\to\infty}\frac{N_{A\cdot B}}{N}=\lim_{N\to\infty}\frac{N_A}{N}\cdot\frac{N_{A\cdot B}}{N_A}$$

## 三、随机变量及其概率分布

### （一）随机变量

要进行水资源管理工作及对水资源进行配置、节约和保护，必须了解和掌握水资源的规律，必须预测未来水资源的情势。但因影响水资源的因素众多且复杂，目前还难以通过成因分析对水资源进行准确的长期预报。实际工作中采用的基本方法是对水文实测资料进行分析、计算，研究和掌握水文现象的统计规律，然后按照统计规律对未来的水资源情势进行估计。这样做就需要对随机事件定量化地表示，为此引入随机变量。

进行随机试验，每次结果可用一个数值 $x$ 来表示，每次试验出现 $x$ 的数值是不确定的，但是，出现某一数值 $x_i$ 常具有相应的概率，表明这种变量 $x$ 带有随机性，故称为随机变量。按照概率论理论，随机变量是对应于试验结果，表示试验结果的数量。如在工地上检验一批钢筋，可以随机抽取几组试件进行检验，每一组试件检验不合格的根数就是随机变量；又如某条河流历年的最大洪峰流量、最高水位、洪水持续时间等都可看作随机变量。水文现象中的水文特征值常是随机变量，如某地年降水量，某站年最高水位、最大洪峰流量等。由随机变量所组成的系列，如 $x_1$，$x_2$，…，$x_n$ 称为随机变量系列，可用大写字母 $X$ 表示。系列的范围可以是有限的，也可以是无限的。

随机变量的数学定义为，在一组不变的条件下，试验的每一个可能结果都唯一对应到一个实数值，则称实数变量为随机变量（“唯一对应”又称“一一对应”，是指每一个试验结果就只对应一个数据，而每一个数据又只对应一个试验结果）。

随机变量常用大写字母来表示，如随机变量 $X$（注意这里大写的 $X$ 是变量，$X$ 的取值可以是 $x_1$，$x_2$，…，$x_n$，即 $X$ 表示随机取值的系列 $x_1$，$x_2$，…，$x_n$）。

随机变量可分为离散型和连续型两种。

1. 离散型随机变量

如果随机变量是可数的，即随机变量的取值是和自然数一一对应的，就称为离散型随机变量。离散型随机变量不能在两个相邻随机变量取值之间取值，即相邻两个随机变量之间不存在中间值。离散型随机变量可以是有限的，也可以是无限的，但必须是可数的。如某站年降水量的总日数，出现的天数只有 1 ~ 365（366）种可能，不能取其任何中间值。

2. 连续型随机变量

如果随机变量的取值是不可数的，也就是在有限区间里面，随机变量可以取任何值，就称为连续型随机变量。比如，某一个长途汽车站，每隔 30 min 有一班车发往某地，对于一位不知道长途汽车时刻表的旅客，来车站等车到出发的时间是一个随机变量，这个随机变量取值可以是从 0 ~ 30 min 区间的任意值；又如某河流上任一断面的年平均流量，可以在某一流量与极限流量之间变化，取其任何实数值，所以它们都是连续型随机变量。连续型随机变量是普遍存在的。水文变量，如降水量，降雨时间，蒸发量，河流的流量、水量、水位等都是连续型随机变量。对于随机变量仅仅知道它的可能取值是不够的，更为重要的是了解各种取值出现的可能性有多大，也就是明确随机变量各种取值的概率，掌握它的统计规律。

### （二）随机变量的概率分布

随机变量取得某一可能值是有一定的概率的。这种随机变量与其概率一一对应的关系称为随机变量的概率分布规律，简称概率分布。它反映随机现象的变化规律。

对于离散型随机变量可以用列举的方式表示它的概率分布。离散型随机变量 $X$ 只可能取有限个或一连串的值。设 $X$ 的一切可能值为 $x_1$，$x_2$，…，$x_n$，且对应的概率为 $p_1$，$p_2$，…，$p_n$，即：

$$P(X=x_i)=p_1,\ P(X=x_2)=p_2,\ \cdots,\ P(X=x_n)=p_n$$

或将 $X$ 可能取值及其相应的概率列成表，称为随机变量 $X$ 的概率分布表。

对于连续型随机变量，因为它是不可数的，不能一一列举，所以也就也不能用列举的方法表示概率分布。比如前面提到的乘客在长途汽车站等车的例子，等车时间可以是 0 ~ 30 min 区间里的任何时间，故无法列举所有的随机变量及其相应概率。实际上，等车时间在 0 ~ 30 min 的任何时间的可能性是相等的，对于这个区间的任意时间，其概率等于无穷大分之一，即近似等于零。从这个例子可以看出，列举连续型随机变量各个值的概率不仅做不到，而且也是没有意义的。为此，我们转而研究和分析连续型随机变量在某一个区间取值的概率。在工程水文里面，就是研究某一水文变量大于或等于某一数值的概率。

对于一个随机变量，大于或等于不同数值的概率是不同的。当随机变量取为不同数值时，随机变量大于等于此值的概率也随之而变，即概率是随机变量取值的函数。这一函数称之为随机变量的概率分布函数。对于连续型随机变量还有另一种表示概率分布的形式——概率密度函数。分布函数和概率密度函数的公式为

$$F(x)=P(X\geqslant x)=\int f(x)\,\mathrm{d}x$$

式中，$X$ 为随机变量；$x$ 为随机变量 $X$ 的取值；$P(X\geqslant x)$ 为随机变量 $X$ 取值大于或等于 $x$ 的概率；$F(x)$ 为随机变量 $X$ 的分布函数；$f(x)$ 为随机变量 $X$ 的概率密度函数。

按照概率论的定义，概率密度函数是分布函数的导数。概率密度函数在某一个区间的积分值，表示随机变量在这个区间取值的概率。

在工程水文中，频率是水文变量取值大于或等于某一数值的概率，因此水文变量的频率就是概率密度函数从变量取值到正无穷大区间的积分值。

随机变量的分布函数可用曲线的形式表示。在工程水文中习惯于将水文变量取值大于或等于某一数值的概率称为该变量的频率，同时将表示水文变量分布函数的曲线称为频率曲线。

随机变量的取值总是伴随着相应的概率，而概率的大小随着随机变量的取值变化而变化，这种随机变量与其概率一一对应的关系，称为随机变量的概率分布规律。

$$f(x)=-F'(x)=-\mathrm{d}F(x)/\mathrm{d}(x)$$

式中，$F(x)$是随机变量$X$的分布函数值，也就是水文变量$X$取值为$x$时候的频率，而$f(x)$是概率密度函数。

### （三）重现期

重现期表示在长时间内随机事件发生的平均周期。即在很长的一段时间内，随机事件平均多少年发生一次。“多少年一遇”或者“重现期”都是工程和生产中用来表示随机变量统计规律的概念。

重现期和概率一样，都表明随机事件或随机变量的统计规律。说某一条河流发生了“百年一遇洪水”，是指从很长一个时期来看，大于或等于这次洪水的情况平均100年可能出现一次。

重现期是对于类似于洪水这样的随机事件发生的可能性的一种定量描述。不能理解为百年一遇的洪水每隔100年一定出现一次。实际上，百年一遇的洪水可能间隔100年以上时间才发生，也可能连续两年接连发生。

水文随机变量是连续型随机变量，水文变量的频率是水文变量大于或等于某个数值的概率。对应于频率，水文变量的重现期是指水文变量在某一个范围内取值的周期。如某条河流百年一遇的洪水洪峰流量是1 000 $m^3/s$，是指这条河流洪峰流量大于或等于1 000 $m^3/s$的洪水重现期是100年，而不是指洪峰流量恰恰等于1 000 $m^3/s$的洪水重现期是100年。

水利工程中所说的重现期是指对工程不利情况的重现期。对于洪水、多水的情况，水越大对工程越不利。此时，重现期是指水文随机变量大于或等于某一数值这一随机事件发生的平均周期。如用大写的$T$表示重现期，用大写的$P$表示频率，按照频率和周期互为倒数的关系，可知洪水、多水时，重现期计算公式为：

$$T=1/P$$

因洪水、多水时，频率$P$小于或等于50%，此公式的适用条件又可写为$P \leqslant 50\%$。

对于枯水、少水的情况，水越少对工程越不利，此时重现期是指水文随机变量小于或等于某一数值的平均周期。按照概率论理论，随机变量“小于或等于某一数值”是“大于或等于某一数值”的对立事件，“小于或等于某一数值”的概率等于$1-P$，故此时重现期的计算公式为：

$$T=1/(1-P)\quad(P \geqslant 50\%)$$

因枯水、少水时，频率大于或等于50%，上式的适用条件又可以写为$P \geqslant 50\%$。

# 第三章　水资源可持续利用与保护

## 第一节　水资源可持续利用

### 一、水资源可持续利用含义

水资源可持续利用即一定空间范围内水资源既能满足当代人的需要，又对后代人满足其需求不构成威胁的资源利用方式。水资源可持续利用是保证人类社会、经济和生存环境可持续发展的必然要求。

20 世纪 80 年代在寻求解决环境与发展矛盾时中提出了可持续发展的观点，并在可再生的自然资源领域提出可持续利用问题。其基本思路是在自然资源的开发中，注意因开发所导致的不利于环境的副作用和预期取得的社会效益相平衡。

在水资源的开发与利用中，应遵守可供饮用的水源和相关土地得到保护的原则、保护生物多样性不受干扰或生态系统平衡发展的原则、对可更新的淡水资源不可过量开发和污染的原则。

在水资源的开发利用活动中，不能损害地球上的生命保障系统和生态系统，必须保证为社会和经济可持续发展供应所需的水资源，满足各行各业的用水要求并持续供水。此外，水在自然界循环过程中会受到干扰，应注意研究对策使这种干扰不影响水资源可持续利用。

为保证水资源可持续利用，在水资源规划和水利工程设计时，应使建立的工程系统遵循如下 4 个要点：①不因开发利用天然水源而造成水源逐渐衰竭；②水工程系统应持久地保持其设计功能，因自然老化导致的功能减退应有后续的补救措施；③在某范围内随工程供水能力的增加与合理用水、需水管理、节水措施的配合，水的供需能在较长时间内保持协调状态；④因供水增加而致废污水排放量的增加，需相应增加处理废污水的工程，以维持水源的可持续利用效率。

### 二、水资源可持续利用评价

水资源可持续利用指标体系及评价是目前水资源可持续利用研究的核心，是进行区域水资源宏观调控的主要依据。目前，尚未形成水资源可持续利用指标体系及评价方法的统一观点。因此，针对现行水资源可持续利用指标体系及评价方法做简单的介绍。

## （一）水资源可持续利用指标体系

### 1. 水资源可持续利用指标体系研究的基本思路

根据可持续发展与水资源可持续利用的思想，水资源可持续利用指标体系的研究思路应包括以下方面。

（1）基本原则

区域水资源可持续利用指标体系的建立应该根据区域水资源特点考虑区域社会经济发展的不平衡、水资源开发利用程度及当地科技文化水平的差异等，在借鉴国际上对资源可持续利用的基础上，以科学、实用、简明为选取原则，具体考虑以下几个方面。

全面性和概括性相结合。区域水资源可持续利用系统是一个复杂的复合系统，具有深刻而丰富的内涵，要求建立的指标体系具有足够的覆盖面，全面反映区域水资源可持续利用情况，同时又要求指标简洁、精练。要实现指标体系的全面性极容易造成指标体系之间的信息重叠，从而影响评价结果的精度。为此，应尽可能地选择综合性强、覆盖面广的指标，避免选择过于具体详细的指标，同时应考虑地区特点，抓住主要的、关键性的指标。

系统性和层次性相结合。区域以水为主导因素的水资源—社会—经济—环境这一复合系统的内部结构非常复杂，各个系统之间相互影响、相互制约。因此，要求建立的指标体系层次分明，具有系统性和条理性，将复杂的问题用简洁明朗的、层次感较强的指标体系表达出来，充分展示区域水资源可持续利用复合系统的发展状况。

可行性与可操作性相结合。建立的指标体系往往在理论上较为理想，但在实际应用中效果不佳。因此，在选择指标时，不能脱离实际的情况，应使选择的每一项指标不但要有代表性，而且尽可能选用目前统计体系中所包含或通过努力可能达到的指标。对于那些未纳入现行统计体系、数据获得不是很直接的指标，只要它是进行可持续利用评价所必需的，也可将其作为建议指标，或者可以选择与其代表意义相近的指标作为代替。

可比性与灵活性相结合。为了便于区域内在纵向上或者区域与其他区域在横向上进行比较，要求指标的选取和计算采用国内外通行口径。同时，指标的选取应具备灵活性，水资源、社会、经济、环境具有明显的时空属性，不同的自然条件、不同的社会经济发展水平导致各区域对水资源的开发利用和管理都具有不同的要求，指标会因地区不同而存在差异。因此，指标体系应具有灵活性，可根据各地区的具体情况进行相应调整。

问题的导向性。设置和评价指标体系对的目的在于引导被评估对象实现可持续发展，因而水资源可持续利用指标应体现人、水、自然环境相互作用的各种重要原因和后果，从而为决策者有针对性地适时调整水资源管理政策提供支持。

（2）理论与方法

借助系统理论、系统协调原理，以水资源、社会、经济、生态、环境、非线性理论、系统分析与评价、现代管理理论与技术等领域的知识为基础，以计算机仿真模拟为工具，采用定性与定量相结合的综合集成方法，研究水资源可持续利用指标体系。

（3）评价与标准

对于水资源可持续利用指标可采用 Bossel 分级制与标准进行评价，将指标分为 4 个级别，并按相对值 0 ～ 4 划分。其中，0 ～ 1 为不可接受级，即指标中任何一个指标值小于 1 时，该指标所代表的水资源状况十分不利于可持续利用，为不可接受级；1 ～ 2 为危险级，即指标中任何一个值在 1 ～ 2 时，表示对可持续利用构成威胁；2 ～ 3 为良好级，表示有利于可持续利用；3 ～ 4 为优秀级，表示十分有利于可持续利用。

水资源可持续利用的现状指标体系分为两大类：基本定向指标和可测指标。

基本定向指标是一组用于确定可持续利用方向的指标，是反映可持续性最基本而又不能直接获得的指标。基本定向指标可选择生存、能效、自由、安全、适应和共存六个指标。生存表示系统与正常环境状况相协调并能在其中生存与发展。能效表示系统能在长期平衡的基础上通过有效的努力使稀缺的水资源供给安全可靠，并能消除其对环境的不利影响。自由表示系统具有在一定范围灵活地应对环境变化引起的各种挑战，以保障社会经济的可持续发展。安全表示系统必须能够免受环境易变性的影响，实现可持续发展。适应表示系统应能通过自适应和自组织更好地适应环境改变的挑战，在改变了的环境中持续发展。共存是指系统必须有调整空间，能与其他子系统和周围环境和谐发展。

可测指标即可持续利用的量化指标，按社会、经济、环境三个子系统划分，各子系统中的可测指标由系统本身有关指标及其可持续利用涉及的主要水资源指标构成。

水资源可持续利用指标趋势的动态模型。应用预测技术分析水资源可持续利用指标的动态变化特点，建立适宜的动态模拟模型和动态指标体系，通过计算机仿真进行预测。根据动态数据的特点模型主要包括统计模型、时间序列（随机）模型、人工神经网络模型（主要是模糊人工神经网络模型）和混沌模型。

水资源可持续利用指标的稳定性分析。由于水资源可持续利用系统是一个复杂的非线性系统，在不同区域可应用非线性理论研究水资源可持续利用系统的作用、机理和外界扰动对系统的敏感性。

水资源可持续的综合评价。根据上述水资源可持续利用的现状指标体系评价、水资源可持续利用指标趋势的动态模型和水资源可持续利用指标的稳定性分析，应用不确定性分析理论，进行水资源可持续的综合评价。

2. 水资源可持续利用指标体系研究进展

（1）水资源可持续利用指标体系的建立方法

基于可持续利用的研究思路，现有指标体系建立的方法归纳起来包括以下几点。

第一，系统发展协调度模型指标体系由系统指标和协调度指标构成。系统可概括为社会、经济、资源、环境组成的复合系统。协调度指标则是建立区域人—地相互作用和潜力三维指标体系，通过这一潜力空间来综合评价可持续发展水平和水资源可持续利用水平。

第二，资源价值论应用经济学价值观点，选用资源实物变化率、资源价值（或人均资源价值）变化率和资源价值消耗率变化等指标进行评价。

第三，系统层次法基于系统分析法，指标体系由目标层和准则层构成。目标层即水资源可持续利用的目标，目标层下可建立一个或数个较为具体的分目标，即准则层。准则层则由更为具体的指标组成，应用系统综合评判方法进行评价。

第四，压力—状态—反应（PSR）结构模型由压力、状态和反应指标组成。压力指标用以表征造成发展不可持续的人类活动和消费模式或经济系统的一些因素，状态指标用以表征可持续发展过程中的系统状态，反应指标用以表征人类为促进可持续发展进程所采取的对策。

第五，生态足迹分析法是一组基于土地面积的量化指标对可持续发展的度量方法，它采用生态生产性土地为各类自然资本统一度量基础。

第六，归纳法首先把众多指标进行归类，再从不同类别中抽取若干指标构建指标体系。

第七，不确定性指标模型假定水资源可持续利用概念具有模糊、灰色特性。应用模糊、灰色识别理论、模型和方法进行系统评价。

第八，区间可拓评价方法将待评指标的量值、评价标准均用区间表示，应用区间与区间之距概念和方法进行评价。

第九，状态空间度量方法以水资源系统中人类活动、资源、环境为三维向量表示承载状态点，状态空间中不同资源、环境、人类活动组合则可形成区域承载力，构成区域承载力曲面。

第十，系统预警方法中的预警是水资源可持续利用过程中偏离状态的警告，它既是一种分析评价方法，又是一种对水资源可持续利用过程进行监测的手段。预警模型由社会经济子系统和水资源环境子系统组成。

第十一，属性细分理论系统就是将系统首先进行分解，并进行系统的属性划分，根据系统的细分化指导寻找指标来反映系统的基本属性，最后确定各子系统属性对系统属性的贡献。

（2）水资源可持续利用评价的基本程序

基本程序包括：①建立水资源可持续利用的评价指标体系；②确定指标的评价标准；③确定性评价；④收集资料；⑤指标值计算与规格化处理；⑥评价计算；⑦根据评价结果提出评价分析意见。

3. 水资源可持续利用指标研究存在的问题

水资源可持续利用是在可持续发展概念下产生的一种全新发展模式，其内涵十分丰富，具有复杂性、广泛性、动态性和地域特殊性等特点。不同国家、不同地区、不同人、不同发展水平和条件对其理解有所差异，水资源可持续利用实施的内容和途径必然存在一定的差异。因此，水资源可持续利用研究的难度非常大。目前，水资源可持续利用指标体系的研究尚处于起步阶段，主要存在以下问题。

（1）水资源可持续利用体系的理论框架不够完善

水资源可持续利用体系建立的理论框架仍处在探索阶段，其理论基本上是由可持续利用理论框架演化而来的，而可持续利用的理论框架目前处在研究探索阶段，因而水资源可持续利用指标体系建立的原则、方法和评价标准尚不统一。

（2）尚未形成公认的水资源可持续利用指标体系

建立一套有效的水资源可持续利用评价指标体系是一项复杂的系统工程，目前仍未形成一套公认的应用效果很好的指标体系，其研究存在以下问题。

指标尺度：水资源可持续利用体系始于宏观尺度内的国际或国家水资源可持续利用研究，从研究内容来看，宏观尺度内的流域、地区的水资源可持续利用指标体系研究则相对较少。

指标特性：目前，应用较多的指标体系为综合指标体系、层次结构体系和矩阵结构指标体系。综合性指标体系依赖于国民经济核算体系的发展和完善，只能反映区域水资源可持续利用的总体水平，无法判断区域水资源可持续利用的差异。层次结构指标体系在持续性、协调性研究上具有较大的难度，要求的基础数据较多，缺乏统一的设计原则。矩阵结构指标体系包含的指标数目十分庞大、分散，所使用的“压力”“状态”指标较难界定。

指标的可操作性：现有水资源可持续利用在反映不同地区、不同水资源条件、不同社会经济发展水平、不同种族和文化背景等方面具有一定的局限性。

评价的主要内容：现有指标基本上限于水资源可持续利用的现状评价，缺乏指标体系的趋势、稳定性和综合评价。因此，与反映水资源可持续利用的时间和空间特征仍有一定的距离。

权值：确定水资源可持续利用评价的许多方法，如综合评价法、模糊评价法等含有权值确定问题。权值确定可分为主观赋权法和客观赋权法。主观赋权法更多地依赖于专家知识、经验。客观赋权法则通过调查数据计算指标的统计性质确定。权值确定往往决定评价结果，但是目前还没有一个很好的确定方法。

定性指标的量化：在实际应用中，定性指标常常结合多种方法进行量化，但由于水资源可持续利用本身的复杂性，其量化仍是目前一个难度较大的问题，因此，定性指标的量化方法有待于深入研究。

指标评价标准和评价方法：现有的水资源可持续利用指标评价标准和评价方法各具特色，在实际水资源可持续评价中有时会出现较大差异。其原因是水资源可持续利用是一个复杂的系统，现有指标评价标准和评价方法基于的观点和研究的重点有所差异。如何选取理想的指标评价标准和评价方法，目前没有公认的标准和方法。

综合评分法能否恰当地体现各子系统之间的本质联系和水资源可持续利用思想的内涵还有待商榷，运用主观评价法确定指标权重，其科学性也值得怀疑，目前最大的难点在于难以解决指标体系中指标的重复问题。多元统计法中的主成分分析、因子分析为解决指标的重复提供了可能。主成分分析在第一个主成分分量的贡献率小于 85% 时，需要将几个分量合起来使贡献率大于 85%，对于这种情况，虽然处理方法很多，但目前仍存在一些争论。因子分析由于求解不具有唯一性，在选择评价问题的适合解时，业界对选择的标准目前还有各种不同的看法。

### （二）水资源可持续利用评价方法

水资源开发利用保护是一项十分复杂的活动，至今未有一套相对完整、简单而又为大多数人所接受的评价指标体系和评价方法。一般认为指标体系要能体现所评价对象在时间尺度的可持续性、空间尺度上的相对平衡性、对社会分配方面的公平性、对水资源的控制能力，对与水有关的生态环境质量的特异性具有预测和综合能力，并相对易于采集数据、相对易于应用。

水资源可持续利用评价包括水资源基础评价、水资源开发利用评价、与水相关的生态环境质量评价、水资源合理配置评价、水资源承载能力评价以及水资源管理评价六个方面。水资源基础评价突出资源本身的状况及其对开发利用保护而言所具有的特点；开发利用评价则侧重于开发利用程度、供水水源结构、用水结构、开发利用工程状况和缺水状况等方面；与水有关的生态环境质量评价要能反映天然生态与人工生态的相对变化、河湖水体的变化趋势、土地沙化与水土流失状况、用水不当导致的耕地盐渍化状况以及水体污染状况等；水资源合理配置评价不是侧重于开发利用活动本身，而是侧重于开发利用对可持续发展目标的影响，主要包括水资源配置方案的经济合理性、生态环境合理性、社会分配合理性以及三个方面的协调程度，同时还要反映开发利用活动对水文循环的影响程度，开发利用本身的经济代价、生态代价以及所开发利用水资源的总体使用效率；水资源承载能力评价要反映极限性、被承载发展模式的多样性和动态性以及从现状到极限的潜力等；水资源管理评价包括需水、供水、水质、法规、机构等五方面的管理状态。

水资源可持续利用评价指标体系是区域与国家可持续发展指标体系的重要组成部分，也是综合国力中资源部分的重要环节，“走可持续发展之路，是中国在未来发展的自身需要和必然选择”。为此，对水资源可持续利用进行评价具有重要意义。

1. 水资源可持续利用评价的含义

水资源可持续利用评价是按照现行的水资源利用方式与水平、水资源管理与政策，对其能否满足社会经济持续发展所要求的水资源可持续利用做出的评估。

进行水资源可持续利用评价的目的在于认清水资源利用现状和存在问题，调整其利用方式与水平，实施有利于可持续利用的水资源管理政策，有助于国家和地区社会经济可持续发展战略目标的实现。

2. 水资源可持续利用指标体系的评价方法

水资源可持续利用指标体系的评价方法主要有以下几种。

第一，综合评分法。其基本方法是通过建立若干层次的指标体系，采用聚类分析、判别分析和主观权重确定的方法，最后给出评判结果。它的特点是方法直观、计算简单。

第二，不确定性评判法。主要包括模糊与灰色评判。模糊评判采用模糊联系合成原理进行综合评价，以多级模糊综合评价方法为主。该方法的特点是能够将定性、定量指标进行量化。

第三，多元统计法。主要包括主成分分析和因子分析法。该方法的优点是把涉及经济、社会、资源和环境等方面的众多因素组合为量纲统一的指标，解决了不同量纲指标之间的可综合性问题，把难以用货币术语描述的现象引入环境和社会的总体结构中，信息丰富，资料易懂，针对性强。

第四，协调度法。利用系统协调理论，以发展度、资源环境承载力和环境容量为综合指标来反映社会、经济、资源（包括水资源）与环境的协调关系，能够从深层次上反映水资源可持续利用所涉及的因果关系。

第五，多维标度方法。主要包括 Torgerson 法、K–L 方法、Shepard 法、Kruskal 法和最小维数法。与主成分分析方法不同的是，它能够整合不同量纲指标，并进行综合分析。

## 三、水资源利用工程

### （一）地表水资源利用工程

1. 地表水取水构筑物的分类

地表水取水构筑物的形式应适应特定的河流水文、地形及地质条件、同时应考虑取水构筑物的施工条件和技术要求。由于水源自然条件和用户对取水的要求各不相同，因此地表水取水构筑物有多种不同的形式。

地表水取水构筑物按构造形式可分为固定式取水构筑物、活动式取水构筑物和山区浅水河流取水构筑物三大类，每一类又有多种形式，各自具有不同的特点和适用条件。

（1）固定式取水构筑物

固定式取水构筑物按照取水点的位置，可分为岸边式、河床式和斗槽式；按照结构类型，可分为合建式和分建式；河床式取水构筑物按照进水管的形式，可分为自流管式、虹吸管式、水泵直接吸水式、桥墩式；按照取水泵型及泵房的结构特点，可分为干式、湿式泵房和淹没式、非淹没式泵房；按照斗槽的类型，可分为顺流式、逆流式、侧坝进水逆流式和双向式。

（2）活动式取水构筑物

活动式取水构筑物可分为缆车式和浮船式。缆车式按坡道种类可分为斜坡式和斜桥式。浮船式按水泵安装位置可分为上承式和下承式；按接头连接方式可分为阶梯式连接和摇臂式连接。

（3）山区浅水河流取水构筑物

山区浅水河流取水构筑物包括底栏栅式和低坝式。低坝式可分为固定低坝式和活动低坝式（橡胶坝、浮体闸等）。

2. 取水构筑物形式的选择

取水构筑物形式的选择，应根据取水量和水质要求，结合河床地形及地质、河床冲淤、水深及水位变幅、泥沙及漂浮物、冰情和航运等因素，并充分考虑施工条件和施工方法，在保证安全可靠的前提下，通过比较技术、经济性等因素确定。

取水构筑物在河床上的布置及其形状的选择，应考虑取水工程建成后不致因水流情况的改变而影响河床的稳定性。

在确定取水构筑物形式时，应根据所在地区的河流水文特征及其他一些因素，选用不同特点的取水形式。西北地区常采用斗槽式取水构筑物，以减少泥沙和防止冰凌；对于水位变幅特大的重庆地区常采用土建费用省、施工方便的湿式深井泵房；广西地区对能节省土建工程量的淹没式取水泵房有丰富的实践经验；中南、西南地区很多工程采用了能适应水位涨落、基金投资省的活动式取水构筑物；山区浅水河床上常建造低坝式和底栏栅式取水构筑物。随着我国供水事业的发展，在各类河流、湖泊和水库兴建了许多不同规模、不同类型的地面水取水工程，如合建和分建岸边式，合建和分建河床式、低坝取水式、深井取水式、双向斗槽取水式、浮船或缆车移动取水式等。

（1）在游荡型河道上取水

在游荡型河道上取水要比在稳定河道上取水难得多。游荡型河段河床经常变迁不定，必须充分掌握河床变迁规律，分析变迁原因，顺应自然规律选定取水点，修建取水工程，应慎重采取人工导流措施。

（2）在水位变幅大的河道上取水

我国西南地区如四川很多河流水位变幅都在 30 m 以上，在这样的河道上取水，当供水量不太大时，可以采用浮船式取水构筑物。因活动式取水构筑物安全可靠性较差，操作管理不便，因此可以采用湿式竖井泵房取水，不仅泵房面积小，而且操作较为方便。

（3）在含砂量大及冬季有潜冰的河道上取水

黄河是高含砂量河流，为了减少泥沙的进入，兰州市水厂采用了斗槽式取水构筑物，该斗槽的特点是在其上、下游均设进水口，平时运行由下游斗槽口进水，这样夏季可减少含砂量进入，冬季可使水中的潜冰浮在斗槽表面，防止潜冰进入取水泵。上游进水口设有闸门，当斗槽内积泥沙较多时，可提闸冲砂。

3. 地表水取水构筑物位置的选择

在开发利用河水资源时，取水地点（即取水构筑物位置）的选择直接影响取水的水质、水量、安全可靠性及工程的投资、施工、管理等。因此应根据取水河段的水文、地形、地质及卫生防护，河流规划和综合利用等条件全面分析、综合考虑。地表水取水构筑物位置的选择应根据下列基本要求，通过比较技术、经济性等因素确定。

（1）取水点应设在具有稳定河床、靠近主流和有足够水深的地段

取水河段的形态特征和岸形条件是选择取水口位置的重要因素，取水口位置应选在比较稳定、含砂量不太高的河段，并能适应河床的演变。不同类型河段适宜的取水位置如下。

顺直河段：取水点应选在主流靠近岸边、河床稳定、水深较大、流速较快的地段，通常也就是河流较窄处，在取水口处的水深一般要求不小于 2.5 m。

弯曲河段：弯曲河道的凹岸在横向环流的作用下，岸陡水深，泥沙不易淤积，水质较好，且主流靠近河岸，因此凹岸是较好的取水地段。取水点应避开凹岸主流的顶冲点（即主流最初靠近凹岸的部位），一般可设在顶冲点下游 15 ~ 20 m，同时也是冰水分层的河段。因为凹岸容易受冲刷，所以需要一定的护岸工程。为了减少护岸工程量，也可以将取水口设在凹岸顶冲点的上游处。具体如何选择，应根据取水构筑物的规模和河岸地质情况确定。

游荡型河段：在游荡性河段设置取水构筑物，特别是固定式取水构筑物比较困难，应结合河床、地形、地质特点，将取水口布置在主流线密集的河段上，必要时

需改变取水构筑物的形式或进行河道整治以保证取水河段的稳定性。

有边滩、沙洲的河段：在这样的河段上取水，应注意了解边滩和沙洲形成的原因、移动的趋势和速度，不宜将取水点设在可移动的边滩、沙洲的下游附近，以免被泥沙堵塞，一般应将取水点设在上游距沙洲 500 m 以外处。

有支流汇入的顺直河段：在有支流汇入的河段上，由于干流、支流涨水的幅度和先后次序不同，容易在汇入口附近形成“堆积锥”，因此，取水口应离开支流入口处上下游有足够的距离，一般取水口多设在汇入口干流的上游河段。

（2）取水点应尽量设在水质较好的地段

为了取得较好的水质，取水点的选择应注意以下几点。

第一，生活污水和生产废水的排放常常是河流污染的主要原因，因此供生活用水的取水构筑物应设在城市和工业企业的上游，距离污水排放口上游 100 m 以外，并应建立卫生防护地带。如岸边有污水排放，水质不好，则应伸入江心水质较好处取水。

第二，取水点应避开河流中的回流区和死水区，以减少水中泥沙、漂浮物进入和堵塞取水口。

第三，在沿海地区受潮汐影响的河流上设置取水构筑物时，应考虑海水对河水水质的影响。

### （二）地下水资源利用工程

1. 地下水取水构筑物的分类

从地下含水层取集表层渗透水、潜水、承压水和泉水等地下水的构筑物，有管井、大口井、辐射井、渗渠、泉室等类型。

管井：目前应用最广的形式，适用于埋藏较深、厚度较大的含水层。一般用钢管做井壁，在含水层部位设滤水管进水，防止沙砾进入井内。管井口径通常在 500 mm 以下，深几十米至百余米，甚至几百米。单井出水量一般为每日数百至数千立方米。管井的提水设备一般为深井泵或深井潜水泵。管井常设在室内。

大口井：也称宽井，适用于埋藏较浅的含水层。井的口径通常为 3 ~ 10 m。井身用钢筋混凝土、砖、石等材料砌筑。取水泵房可以和井身合建也可分建，也有几个大口井用虹吸管相连通后合建一个泵房的。大口井由井壁进水或与井底共同进水，井壁上的进水孔和井底均应填铺一定级配的沙砾滤层，以防取水时进沙。单井出水量一般较管井要大。中国东北地区及铁路供水应用大口井较多。

辐射井：适用于厚度较薄、埋深较大、砂粒较粗而不含漂卵石的含水层。从集水井壁上沿径向设置辐射井管借以取集地下水的构筑物。辐射管口径一般为 100 ~ 250 mm，长度为 10 ~ 30 m。单井出水量大于管井。

渗渠：适用于埋深较浅、补给和透水条件较好的含水层。利用水平集水渠以取集浅层地下水或河床、水库底的渗透水的取水构筑物。由水平集水渠、集水井和泵站组成，集水渠由集水管和反滤层组成，集水管可以为穿孔的钢筋混凝土管或浆砌块石暗渠。集水管口径一般为 0.5 ～ 1.0 m，长度为数十米至数百米，管外设置由砂子和级配砾石组成的反滤层，出水量一般为 20 ～ 30 $m^3$/d。

泉室：取集泉水的构筑物，对于由下而上涌出地面的自流泉，可用底部进水的泉室，其构造类似大口井。

对于从倾斜的山坡或河谷流出的潜水泉，可用侧面进水的泉室。泉室可用砖、石、钢筋混凝土结构，应设置溢水管、通气管和放空管，并应防止雨水的污染。

2. 地下水水源地的选择

水源地的选择，对于大中型集中供水，关键是确定取水地段的位置与范围；对于小型分散供水而言，则是确定水井的井位。它不仅关系水源地建设的投资，而且关系是否能保证水源地长期经济、安全地运转，以及避免产生各种不良地质作用。水源地的选择是在地下水勘查的基础上，由有关部门批准后确定的。

（1）集中式供水水源地的选择

进行水源地选择，首先考虑的是能否满足需水量的要求，其次是它的地质环境与利用条件。

第一，水源地的水文地质条件。取水地段含水层的富水性与补给条件是地下水水源地的首选条件。因此，应尽可能选择在含水层层数多、厚度大、渗透性强、分布广的地段上取水，如选择冲洪积扇中上游的砂砾石带和轴部，河流的冲积阶地和高漫滩，冲积平原的古河床、厚度较大的层状与似层状裂隙和岩溶含水层、规模较大的断裂及其他脉状基岩含水带。在此基础上，应进一步考虑其补给条件。取水地段应有较好的汇水条件，应是可以最大限度拦截区域地下径流的地段或接近补给水源和地下水的排泄区；应是能充分夺取各种补给量的地段。例如在松散岩层分布区，水源地应尽量靠近与地下水有密切联系的河流岸边。在基岩地区，应选择在集水条件最好的背斜倾没端、浅埋向斜的核部、区域性阻水界面迎水一侧；在岩溶地区，最好选择在区域地下径流的主要径流带的下游，或靠近排泄区附近。

第二，水源地的地质环境。在选择水源地时，要从区域水资源综合平衡方面出发，尽量避免出现新旧水源地之间、工业和农业用水之间、供水与矿山排水之间的矛盾。也就是说，新建水源地应远离原有的取水或排水点，减少互相干扰。为保证地下水的水质，水源地应远离污染源，选择在远离城市或工矿排污区的上游，应远离已污染（或天然水质不良）的地表水体或含水层的地段，避开易于使水井淤塞、涌砂或水质长期混浊的流沙层或岩溶充填带。在滨海地区应考虑海水入侵对水质的不良影响，为减少垂向污水渗入的可能性，最好选择在含水层上部有稳定隔水层分布的地段。此外，水源地应选在不易引起地面沉降、塌陷、地裂等有害工程地质作用的地段上。

第三，水源地的经济性、安全性和扩建前景。在满足水量、水质要求的前提下，为节省建设投资，水源地应靠近供水区，少占耕地；为降低取水成本，应选择在地下水浅埋或自流地段；河谷水源地要考虑水井的淹没问题；人工开挖的大口径取水工程要考虑井壁的稳固性。当有多个水源地方案可供比较时，未来扩大开采的前景条件，也常常是必须考虑的因素之一。

## 第二节　水资源保护

人类所能利用的水资源是有限的，有限的水资源还很容易被污染，因此人类必须倍加珍惜和保护这一有限的水资源。水资源保护，就是通过行政、法律、工程、经济等手段，保护水资源的质量和供应，防止水污染、水源枯竭、水流阻塞和水土流失，以尽可能地满足经济社会可持续发展对水资源的需求。

### 一、水污染特征分析

#### （一）水体中污染物的来源

1. 水体

水体是一个自然生态综合体，是水集中的场所，包括自然水、水体底质、水生生物和水体边界。这里的自然水是指水（$H_2O$）及其所包含的气体成分（$CO_2$ 和 $O_2$）、主要离子（$Cl^-$、$SO_4^{2-}$、$HCO_3^-$、$CO_3^{2-}$、$Na^+$、$K^+$、$Ca^{2+}$ 和 $Mg^{2+}$）、特殊微量元素（$Li^+$、$Ba^{2+}$、$Mn^{2+}$、$Fe^{2+}$、$F^-$、$Br^-$、$HSiO_3^-$、$H_3PO_4$ 等）、有机物及悬浮固体物质（生物残体、生活代谢物质）。水体底质是水体底部的沉积物质（淤泥），是水体中非可溶性物质及超量溶解物质的沉积产物，包括水环境中的碎屑物质、胶体物质、生物残体、各种有机质和无机化学沉积物及水中生物的代谢产物。水生生物包括漂浮生物（水浮莲、浮萍）、浮游生物（硅藻、绿藻）、底栖生物和自游生物（鱼、虾）。水体边界通常由隔水或相对隔水的固体物质组成，随着水体的演变，其存在状态也发生变化。

水体是一个开放系统，在其形成和演变的过程中与外界发生复杂的物质和能量的交换作用，不断改变自身的状态和环境特征。自然界的水在地球引力和太阳辐射的作用下，通过蒸发、水汽流动、凝结、降水、入渗、径流进行着从海洋到陆地的水分大循环以及海洋（陆地）范围的小循环。水中的各种溶解和运载物质也随之循环。在蒸发过程中，水汽很少挟带盐分和其他成分。在水汽凝结和降水过程中，大气中的气体及凝结核是降水中的主要成分，构成了自然界水中的原始物质成分，这些物质使降水具有弱酸性，使其具有较强的氧化和溶解能力。在降水到达地表产生地表径流及深入岩层形成地下径流的过程中，将其所遇到的可溶性物质冲刷淋溶并带走。水中的溶解物质在随水迁移的过程中，受水热条件和物理化学环境的制约，伴随着溶解和沉淀、胶溶和凝聚、氧化与还原及吸附离子简化等物理化学作用，以及生物的吸收、代谢分解等生物化学作用，使水质在时间和空间上进行演变。

2. 水体污染物的来源

依据《中华人民共和国水污染防治法》，水污染是指水体因某种物质的介入，而导致其化学、物理、生物或者放射性等方面特性发生改变，从而影响水的有效利用，危害人体健康或者破坏生态环境，造成水质恶化的现象。

人类活动的影响和参与引起天然水体污染的物质来源，称为污染源。它包括向水体排放污染物的场所、设备和装置等（通常也包括污染物进入水体的途径）。

一般来说，形成水体污染物质的来源主要包括以下几个方面。

（1）工业废水

工业废水指的是工业、企业排出的生产中使用过的废水，是水体产生污染最主要的污染源。工业废水的量和成分是随着生产及生产企业的性质而改变的，一般来说，工业废水种类繁多，成分复杂，毒性污染物最多，污染物浓度高，难以净化和处理。工业废水大多未经处理直接排向河渠、湖泊、海域或渗排进入地下水，且多以集中方式排泄，为最主要的点污染源。

工业废水的性质则往往因企业采用的工艺过程、原料、药制、生产用水的量和质等条件的不同而有很大的差异。根据污染物的性质，工业废水可分为：①含无机物废水，如水力电厂的水力冲灰废水，采矿工业的尾矿水以及采煤炼焦工业的洗煤水等；②含有机物废水，如食品工业、石油化工工业、焦化工业、制革工业等排放的废水中含有碳水化合物、蛋白质、脂肪和酚、醇等耗氧有机物，炼油、焦化、煤气化、燃料工业等排放的含有多环芳烃和芳香胺的致癌有机物；③含有毒的化学性质物质废水，如电镀工业、冶金工业、化学工业等排放的废水中含有汞、镉、铅、砷等；④含有病原体工业废水，如生物制品、制革、屠宰厂，特别是医院的污水中含有伤寒、霍乱等病原菌，医院的废水中含有病毒、病菌和寄生虫等病原体；⑤含放射性物质废水，如原子能发电厂、放射性矿、核燃料加工厂排放的冷却水，倾倒的核废料；⑥生产用冷却水，如热电厂、钢铁废水。

（2）生活污水

生活污水是人们日常生活产生的各种污水的总称，它包括由厨房、浴室、厕所等场所排出的污水和污物。其来源除家庭生活污水外，还有各种集体单位和公用事业等排出的污水。生活污水源主要来自城市，其中 99% 以上是水，固体物质不到 1%，多为无毒的无机盐类（如氯化物、硫酸盐、磷酸和 Na、K、Ca、Mg 等重碳酸盐）、需氧有机物（如纤维素、淀粉、糖类、脂肪、蛋白质和尿素等）、各种微量金属（如 Zn、Cu、Cr、Mn、Ni、Pb 等）、病原微生物及各种洗涤剂。生活污水一般呈弱碱性，pH 值为 7.2 ～ 7.8。

（3）农业污水

农业污水包括农作物栽培、牲畜饲养、食品加工等过程排出的污水和液态废物等。在作物生长过程中喷洒的农药和化肥，含有氮、磷、钾和氨，这些农药、化肥只有少部分留在农作物上，绝大多数都随着农业灌溉、排水过程及降雨径流冲刷进入地表径流和地下径流，造成水体的富营养化污染。除此之外，有些污染水体的农药的半衰期（指有机物分解过程中，浓度降至原有值的一半时所需要的时间）相当长，如长期滥用有机氯农药和有机汞农药，污染地表水，会使水生生物、鱼贝类有较高的农药残留，加上生物富集，如食用会危害人类的健康和生命。牲畜饲养场排出的废物是水体中生物需氧量和大肠杆菌污染的主要来源。农业污水是造成水体污染的面源，它面广、分散，难以收集、难以治理。

（4）大气降落物（降尘和降水）

大气中的污染物种类多，成分复杂，有水溶性和不溶性成分、无机物和有机物等，它们主要来自矿物燃烧和工业生产时产生的二氧化硫、氮氧化物、碳氢化合物以及生产过程排除的有害、有毒气体和粉尘等物质，是水体面源污染的重要来源之一。这种污染物质可以自然降落或在降水过程中溶于水被降水夹带至地面水体，造成水体污染。例如，酸雨及其对地面水体的酸化等。

（5）工业废渣和城市垃圾

工业生产过程中所产生的固体废弃物随工业发展日益增多，其中冶金、煤炭、火力发电等工业排放量大。城市垃圾包括居民的生活垃圾、商业垃圾和市政建设、管理产生的垃圾。这些工业废渣和城市垃圾中含有大量的可溶性物质，或在自然风化中分解出许多有害的物质，并大量滋生病原菌和有害微生物，绝大多数未经处理就任意堆放在河滩、湖边、海滨或直接倾倒在水中，经水流冲洗或随城市暴雨径流汇集进入水体，造成水体污染。

（6）其他污染源

油轮漏油或者发生事故（或突发性事件）引起石油对海洋的污染，因油膜覆盖水面使水生生物大量死亡，死亡的残体分解可造成水体再次污染。

### （二）水污染的分类

#### 1. 按照污染物的性质分类

水污染可分为化学型污染、物理型污染和生物型污染三种主要类型。化学型污染是指随废水及其他废弃物排入水体的酸、碱、有机污染物和无机污染物造成的水体污染。物理型污染包括色度和浊度物质污染、悬浮固体污染、热污染和放射性污染。色度和浊度物质来源于植物的叶、根、腐殖质、可溶性矿物质、泥沙及有色废水等；悬浮固体污染是生活污水、垃圾和一些工农业生产排放的废物泄入水体或农田水土流失引起的；热污染是将高于常温的废水、冷却水排入水体造成的；放射性污染是开采、使用放射性物质，进行核试验等过程中产生的废水、沉降物泄入水体造成的。生物型污染是将生活污水、医院污水等排入水体，随之引入某些病原微生物造成的。

2. 按照污染源的分布状况分类

水污染可分为点源污染和非点源污染。点源污染就是污染物由排水沟、渠、管道进入水体，主要指工业废水和生活污水，其变化规律服从工业生产废水和城镇生活污水的排放规律，即季节性和随机性。非点源污染在我国多称为面源污染。污染物无固定出口，是以较大范围形式通过降水、地面径流的途径进入水体。面源污染主要指农田径流排水，具有面广、分散、难以收集、难以治理的特点。农业灌溉用水量约占全球总用水量的 70%。随着农药和化肥的大量使用，农田径流排水已成为天然水体的主要污染源之一。

3. 按照受污染的水体分类

（1）河流污染

河流是陆地上分布最广、与人类关系最密切的水体，一般大的工业区和城市多建立在滨河或近河地带，利用河渠供水、又向河流排泄废水和废物，所以河系又称为陆地上最大的排污系统。

污染物进入河流后不能马上与河水均匀混合，而是先呈带状分布，随后在河流的水动力弥散作用和河水自净的作用下，逐渐扩散、混合、运移和稀释，直到一定距离后才会达到全部河流断面上均匀混合和水体水质的净化。该距离的长短与河流流量、流速大小及河流断面特征、排污量及污染物质的性质、排污方式和位置有关。

河水的污染程度是由河流的径流量与排污量的比值（径污比）决定的。河流的流量大，稀释条件好，污染程度就低，反之则污染严重。河流污染对人的影响很大，可直接通过饮用水、水生生物，也可间接通过灌溉农田，危害人体健康。但因河水交替快、自净能力强、水体范围较小，其污染相对容易控制。

（2）湖泊、水库污染

湖泊、水库是水交替缓慢的水体，水面广阔，流速小，沉淀作用强，稀释、混合能力较差，污染物主要来源于汇水范围内的面流侵蚀和冲刷、汇湖河流污染物、湖滨和湖面活动产生的污染物直接排入等。

湖泊、水库大多地势低洼，通过暴雨径流汇集流域内的各种工农业废水、废渣和生活污水，污染物多在排污口附近沉淀、稀释，浓度逐渐向湖心减小，形成浓度梯度。污染物在湖流和风浪作用下能与湖水均匀混合。湖泊、水库的水温随季节明显变化，夏季出现分层现象，底部因水流停滞水温低，微生物活动因含氧量不足形成厌氧条件，使底层铁、二氧化碳、锰、硫化氢的含量增加。湖泊的污染造成藻类的大量繁殖，生物代谢和繁衍产生大量的有机物，有机物分解常使水体产生大量的还原性气体，水体形成恶臭，需氧生物死亡，水质恶化，底质物质发育，加速湖泊老化。

（3）地下水污染

地下水赋存于分散细小的岩土层空隙系统中，地下水流动一般非常缓慢，因此地下水污染过程也较为缓慢，且不易察觉。地下水污染的主要作用有水动力弥散、分子扩散、过滤、离子交换吸附和生物降解作用等。

地下水污染途径有直接与间接两种。前者是指污染物随各种补给水源和渗漏通道集中或面状直接渗入使水体污染，有间歇入渗（污染物随雨水或灌溉水间断地渗入蓄水层）、连续入渗（污水聚集地或受污染的地表水体连续向含水层渗漏）、越流型（污染物从已受污染的含水层转移到未受污染的含水层）和径流型（污染物通过地下水径流进入含水层污染潜水或承压水）四种污染方式。后者是指污染过程改变了地下水的物理化学条件，使地下水在含水层介质发生新的地球化学作用，产生原来水中没有的新污染物，使地下水受到污染。

地下水污染埋藏深，较难净化复原，应以预防为主，最根本的保护措施是尽量减少污染物进入地下水。

## （三）水污染的主要危害

1. 化学性污染

（1）酸碱污染

酸碱污染会改变水体的 pH 值，抑制细菌和其他微生物的生长，影响水体的生物自净作用，还会腐蚀船舶和水下建筑物，影响渔业，破坏生态平衡，并使水体不适于作饮用水源或其他工、农业用水。

酸碱污染物不仅能改变水体的 pH 值，而且可大大增加水中的一般无机盐类和水的硬度。原因是，酸中和可产生某些盐类，酸碱与水体中的矿物相互作用也可产生某些盐类。水中无机盐的存在能增加水的渗透压，对淡水生物和植物生长有不良影响。世界卫生组织规定的饮用水标准中 pH 值的合适范围是 7.0 ~ 8.5，极限范围是 6.5 ~ 9.2；渔业水体 pH 值一般不低于 6.0 或不高于 9.2；pH 值为 5.0 时，其他某些鱼类的繁殖率下降，某些鱼类死亡；对于农业用水，pH 值为 4.5 ~ 9.0。世界卫生组织规定的饮用水标准中无机盐总量最大合适值为 500 mg/L，极限值为 1 500 mg/L。对农业用水来说，无机盐总量一般以低于 500 mg/L 为好。

（2）重金属污染

重金属是指密度大于或等于 5.0g/cm$^3$ 的金属。重金属在自然环境的各部分均存在本底含量，在正常的天然水中含量均很低。重金属对人体健康及生态环境的危害极大。重金属污染物最主要的特性是：不能被生物降解，有时还可能被生物转化为毒性更大的物质（如无机汞被转化成甲基汞）；能被生物富集于体内，既危害生物，又能通过食物链，成千上万倍地富集，而达到对人体相当高的危害程度。在环境污染方面所说的重金属主要指 Hg、Cd、Pb、Cr 等生物毒性显著的重元素，还包括具有重金属特性的 Zn、Cu、Co、Ni、Sn 等。

Hg(汞)具有很强的毒性,人的致死剂量为 1 ~ 2 g,Hg 的质量浓度为 0.006 ~ 0.01 mg/L 可使鱼类或其他水生动物死亡，质量浓度为 0.01 mg/L 可抑制水体的自净作用。甲基汞能大量积累于人脑中，引起乏力、动作失调、精神错乱甚至死亡。

Cd（镉）是一种积累富集型毒物，进入人体后，主要累积于肝、肾内和骨骼中。能引起骨节变形、自然骨折、腰关节受损，有时还能引起心血管病。这种病潜伏期 10 多年，发病后难以治疗。Cd 的质量浓度为 0.2 ~ 1.1 mg/L 可使鱼类死亡，质量浓度为 0.1 mg/L 时对水体的自净作用有害。

Pb（铅）也是一种积累富集型毒物，如摄取 Pb 量每日超过 0.3 ~ 1.0 mg，就可在人体内积累，引起贫血、肾炎、神经炎等症状。Pb 对鱼类的致死质量浓度为 0.1 ~ 0.3 mg/L，Pb 的质量浓度达到 0.1 mg/L 时，可破坏水体的自净作用。

（3）非金属毒物污染

这类物质包括毒性很强且危害很大的氰化物、有机氯农药、酚类化合物、多环芳烃等。

氰化物是剧毒物质，一般人只要误服 0.1 g 左右的氰化钾或氰化钠便立即死亡。含氰废水对鱼类有很大毒性，当水中 $CN^-$ 的质量浓度达 0.3 ~ 0.5 mg/L 时，鱼就会死亡，世界卫生组织定出了鱼的中毒限量为游离氰 0.03 mg/L（质量浓度）；生活饮水中氰化物不许超过 0.05 mg/L；地表水中最高容许质量浓度为 0.1 mg/L。

As（砷）是传统的剧毒物，$As_2O_3$ 即砒霜，对人体有很大毒性。长期饮用含 As 的水会慢性中毒，主要表现是神经衰弱、腹痛、呕吐、肝泻、肝大等消化系统障碍，并常伴有皮肤癌、肝癌、肾癌、肺癌等发病率增高现象。

水体中的酚浓度低时能影响鱼类的繁殖，酚的质量浓度为 0.1 ~ 0.2 mg/L 时鱼肉有酚味，质量浓度高时引起鱼类大量死亡，甚至绝迹，酚有毒性，但人体有一定的解毒能力。如经常摄入的酚量超过解毒能力时，人会慢性中毒，而发生呕吐、腹泻、头疼头晕、精神不安等症状。酚的质量浓度超过 0.002 ~ 0.003 mg/L 时，如用氯法消毒，消毒后的水有氯酚臭味，影响饮用。根据酚在水中对人的感官影响，一般规定饮用水挥发酚的质量浓度为 0.001 mg/L，水源的水中最大允许的质量浓度为

0.002 mg/L，地表水最高容许质量浓度为 0.01 mg/L。

（4）需氧性有机物污染（耗氧性有机物污染）

有机物在无氧条件下在厌氧微生物作用下会转化，主要产物有 $CH_4$、$CO_2$、$H_2O$、$H_2S$、$NH_3$ 等，其产物既有毒害作用，又有恶臭味，严重影响环境卫生，会造成危害。

有机物在有氧分解过程中要消耗水体或环境中的溶解氧，会使水中溶解氧的含量下降。当水中溶解氧的质量浓度降低至 4 mg/L 以下时，鱼类和水生生物将不能在水中生存。如果完全缺氧，则有机物将转入厌氧分解。

（5）营养物质污染

N、P 等物质过量排入湖泊、水库、港湾、内海等水流缓慢的水体，会造成藻类大量繁殖，水质恶化，水体外观呈红色或其他色泽，通气不良，溶解氧含量下降，鱼类死亡，严重的还可导致水草丛生，湖泊退化。

2. 物理性污染

（1）悬浮物污染

悬浮物污染造成的危害主要有提高水的浊度，增加给水净化工艺的复杂性；降低光的穿透能力，减少水的光合作用；水中悬浮物可能堵塞鱼鳃，导致鱼的死亡；吸附水中的污染物并随水漂流迁移，扩大污染区域。

海洋石油污染的最大危害是对海洋生物的影响。每升水中油的含量为0.1 ~ 0.01 mL时，对鱼类及水生生物就会产生有害影响，油膜和油块能粘住大量鱼卵和幼鱼。有人做过试验，当每升水中油的含量为 $10^{-5}$ ~ $10^{-4}$ mL 时，到出壳的瞬间只有 55% ~ 89% 的鱼卵有生活能力；每升水中油的含量为 $10^{-4}$ mL 时，所有破卵壳而出的幼鱼都有缺陷，并在一昼夜内死亡；在每升水中油的含量为 $10^{-5}$ mL 时，畸形幼鱼的数量是 23% ~ 40%。由此可见，石油污染对幼鱼和鱼卵的危害很大。

（2）热污染

热污染主要来源于工矿企业向江河排放的冷却水，当温度升高后的水排入水体时，将引起水体水温升高，溶解氧含量下降，微生物活动加强，某些有毒物质的毒性作用增加等，对鱼类及水生生物的生长有不利影响。

（3）放射性污染

放射性物质是指各种放射性元素，如铀 238、镭 236 和钾 40 等。这类物质通过自身的衰变而放射具有一定能量的射线，如 α、β 和 γ 射线，能使生物和人体组织受电离而受到损伤，引起各种放射性病变。最易产生病变的组织有血液系统和造血器官、生殖系统、消化系统、眼睛的晶状体及皮肤等。引起的病变有白血病和再生障碍性贫血，诱发癌症如肝癌、血癌、皮肤癌等，胚胎畸形或死亡，免疫功能破坏，加速衰老，肠胃系统失调，出血及白内障等畸形或慢性病变。

3. 生物性污染

生物性污染主要指致病病菌及病毒的污染。生活污水，特别是医院污水和某些工业（如生物制品、制革、酿造等）废水污染水体，往往可带入一些病原微生物，包括致病细菌、寄生虫和病毒。常见的致病细菌是肠道传染病菌，如伤寒、细菌性疾病等，它们可以通过人畜粪便的污染而进入水体，随水流而传播。一些病毒（常见的有肠道病毒和肝炎病毒等）及某些寄生虫（如血吸虫、蛔虫等）也可以通过水流传播。这些病原微生物随水流迅速蔓延，给人类健康带来极大威胁。

## 二、水资源保护的内容、步骤和措施

### （一）水资源保护的内容和目标

水是人类生产、生活不可替代的宝贵资源。合理开发、利用和保护有限的水资源，对保证工农业生产发展，城乡人民生活水平稳步提高，以及维护良好的生态环境，均有重要的实际意义。

我国水资源总量居世界第六位，但人均、耕地亩均占有水资源量却远低于世界平均水平。加上地区分布不均、年际变化大、水质污染与水土流失加剧，使水资源供需矛盾日益突出。因此，加强水资源管理，有效保护水资源已迫在眉睫。

为了防止因不恰当的开发利用水资源而造成水源污染或破坏水源，所采取的法律、行政、经济、技术等综合措施，以及对水资源进行的积极保护与科学管理，称为水资源保护。

水资源保护的内容包括地表水和地下水的保护。一方面是对水量合理取用及其补给源的保护，即对水资源开发利用的统筹规划、水源地的涵养和保护、科学合理地分配水资源、节约用水、提高用水效率等，特别是保证生态需水的供给到位；另一方面是对水质的保护，主要是调查和治理污染源，进行水质监测、调查和评价，制定水质规划目标，对污染排放进行总量控制等，其中按照水环境容量的大小进行污染排放总量控制是水质保护方面的重点。

水资源保护的目标是：在水量方面必须保证生态用水，不能因为经济社会用水量的增加而引起生态退化、环境恶化以及产生其他负面影响；在水质方面，要根据水体的水环境容量，规划污染物的排放量，不能因为污染物超标排放而使饮用水源地受到污染或危及其他用水的正常供应。

### （二）水资源保护的步骤

水资源保护的步骤是在收集水资源现状、水污染现状、区域自然、经济状况资料的基础上，根据经济社会发展需要，合理划分水功能区、拟定可行的水资源保护目标、计算各水域使用功能不受破坏条件下的纳污能力、提出近期和远期不同水功能区的污染物控制总量及排污削减量，为水资源保护监督管理提供依据。

## （三）水资源保护工程措施

### 1. 水利工程措施

水利工程在水资源保护中具有十分重要的作用。通过水利工程的引水、调水、蓄水、排水等各种措施，可以改善或破坏水资源状况。因此，要采用正确的水利工程来保护水资源。

（1）调蓄水工程措施

通过江河湖库水系上一系列的水利工程，改变天然水系的丰、枯水期水量不平衡状况，控制江河径流量，使河流在枯水期具有一定的水域来稀释净化污染物质，改善水体质量。特别是水库的建设，可以明显改变天然河道枯水期径流量，改善水环境状况。

（2）进水工程措施

从汇水区来的水一般要经过若干沟、渠、支河而流入湖泊、水库，在其进入湖库之前可设置一些工程措施控制水量及水质。

第一，设置前置库。对库内水进行渗滤或兴建小型水库调节沉淀，确保水质达到标准后才能汇入大中型江、河、湖、库。

第二，兴建渗滤沟。此种方法适用于径流量波动小、流量小的情况，这种沟也适用于农村、畜禽养殖场等分散污染源的污水处理，属于土地处理系统。在土壤结构符合土地处理要求且有适当坡度时可考虑采用。

第三，设置渗滤池。在渗滤池内铺设人工渗滤层。

（3）湖、库底泥疏浚

湖、库底泥疏浚是解决内源磷污染释放的重要措施，能将污染物直接从水体取出。但是，又会产生污泥处置和利用问题。可将疏浚挖出的污泥进行浓缩，上清液经除磷后打回湖、库中。污泥可直接施向农田，用作肥料，并改善土质。

### 2. 农林工程措施

（1）减少面源污染

在汇流区域应科学管理农田，控制施肥量，加强水土保持，减少化肥的流失。在有条件的地方，宜建立缓冲带，改变耕种方式，以减少肥料的施用量与流失量。

（2）植树造林，涵养水源

植树造林，绿化江河湖库周围山丘大地，以涵养水源，净化空气，减少氮干湿沉降，营造良好的生态环境。

（3）发展生态农业

建立养殖业、种植业、林果业相结合的生态工程，将畜禽养殖业排放的粪便有效利用于种植业和林果业，形成一个封闭系统，使生态系统中产生的营养物质在系统中循环利用，而不排入水体，减少对水环境的污染和破坏。积极发展生态农业，增加使用有机肥料，减少化肥施用量。

3. 市政工程措施

（1）完善下水道系统工程，建设污水 / 雨水截流工程

截断向江河湖库水体排放污染物是控制水质的根本措施之一。我国老城市的下水道系统多为合流制系统，这是一种既收集、输送污水，又收集、输送降雨后地表排水的下水道系统。在晴天，它仅收集、输送污水至城市污水处理厂处理后排放。在雨天，由于截流管的容量及输水能力的限制，仅有一部分雨水、污水的混合污水可送至污水处理厂进行处理，其余的混合污水则就近排入水体，往往造成水体污染。为了有效控制水体污染，应对合流下水道的溢流进行严格控制，其措施与办法主要为：源控制；优化排水系统；改合流制为分流制；加强雨水、污水的贮存；积极利用雨水资源。

（2）建设城市污水处理厂并提高其功能

进行城市污水处理厂规划，选择合理流程是一个非常重要又复杂的过程。它必须基于城市的自然、地理、经济及人文的实际条件，同时考虑城市水污染防治的需要及经济上的可能；它应该优先采用经济价廉的天然净化处理系统，也应在必要时采用先进高效的新技术、新工艺；它应满足当前城市建设和人民生活的需要，也应预测并满足一定规划期后城市的需要。总之，这是一项系统工程，需要进行深入细致的技术经济分析。

（3）城市污水的天然净化系统

城市污水天然净化系统是利用生态工程学的原理及自然界微生物的作用，对废水、污水实现净化处理。在稳定塘、水生植物塘、水生动物塘、湿地、土地处理系统以及上述处理工艺的组合系统中，菌藻及其他微生动物、浮游动物、底栖动物、水生植物、农作物、水生动物等进行多层次、多功能的代谢过程，还有相伴随的物理的、化学的、物理化学的多种过程，可使污水中的有机污染物、氮、磷等营养成分及其他污染物进行多级转换、利用和去除，从而实现废水的无害化、资源化与再利用。因此，天然净化符合生态学的基本原则，而且具有投资省、运行维护费低、净化效率高等优点。

4. 生物工程措施

利用水生生物及水生态环境食物链系统达到去除水体中氮、磷和其他污染物质的目的。其最大特点是投资省、效益好，且有利于建立合理的水生生态循环系统。

## 三、地表水资源保护

### （一）水质标准

制定合理的水质标准是水资源保护的基础工作。保护水资源，并非使自然水体处于绝对的纯净状态，而是使受污染的水体恢复到符合当地经济发展最有利的状态，这就需要针对不同用途制定相应的水质标准。

水环境质量标准是根据水环境长期和近期目标而提出的、在一定时期内要达到的水环境的指标，是对水体中的污染物或其他物质的最高容许浓度所做的规定。除制定全国水环境质量标准外，各地区还参照实际水体的特点、水污染现状、经济和治理水平，按水域主要用途，会同有关单位共同制定地区水环境质量标准。按水体类型可分为地表水质量标准、海水质量标准和地下水质量标准等；按水资源的用途可分为生活饮用水水质标准、渔业用水水质标准、农业用水水质标准、娱乐用水水质标准和各种工业用水水质标准等。由于各种标准制定的目的、适用范围和要求不同，同一污染物在不同标准中规定的标准值也是不同的。

目前，我国已经颁布的水质标准主要有水环境质量标准：《地表水环境质量标准》（GB 3838—2002）、《地下水质量标准》（GB/T 14848—2017）、《海水水质标准》（GB 3097—1997）、《生活饮用水卫生标准》（GB 5749—2006）、《渔业水质标准》（GB 11607—89）、《农田灌溉水质标准》（GB 5084—2021）等。此外，还有排放标准：《污水综合排放标准》（GB 8978—1996）、《医疗机构水污染物排放标准》（GB 18466—2005），以及一批工业水污染物排放标准：《电子工业水污染物排放标准》（GB 39731—2020）、《制糖工业水污染物排放标准》（GB 21909—2008）、《石油炼制工业水污染物排放标准》（GB 31570—2015）、《纺织染整工业水污染物排放标准》（GB 4287—2012）等。

### （二）水质监测

1. 水质监测的目的

第一，对江、河、水库、湖泊、海洋等地表水和地下水中的污染因子进行经常性的监测，以掌握水质现状及其变化趋势。

第二，对生产、生活等废（污）水排放源排放的废（污）水进行监视性监测，掌握废（污）水排放量及其污染物浓度和排放总量，评价是否符合排放标准，为污染源管理提供依据。

第三，对水环境污染事故进行应急监测，为分析判断事故原因、危害以及制定对策提供依据。

第四，为国家政府部门制定水环境保护标准、法规和规划提供有关的数据和资料。

第五，为开展水环境质量评价和预测预报及进行环境科学研究提供基础数据与技术手段。

2. 水质监测的项目

监测项目受人力、物力、财力的限制，不可能将所有的监测项目都加以测定，只能对那些优先监测污染物（难以降解、危害大、毒性大、影响范围广、出现频率高和标准中要求控制）加以监测。

（1）地表水监测项目

水温、pH 值、溶解氧、高锰酸盐指数、化学需氧量、五日生化需氧量、氨氮、总氮（湖、库）、总磷、铜、锌、硒、砷、汞、镉、铅、铬（六价）、氟化物、氰化物、硫化物、挥发酚、石油类、阴离子表面活性剂、粪大肠菌群。

（2）生活饮用水监测项目

肉眼可见物、色、臭和味、浑浊度、pH 值、总硬度、铝、铁、锰、铜、锌、挥发酚类、阴离子合成洗涤剂、硫酸盐、氯化物、溶解性总固体、耗氧量、砷、镉、铬（六价）、氰化物、氟化物、铅、汞、硒、硝酸盐、氯仿、四氯化碳、细菌总数、总大肠菌群、粪大肠菌群、游离余氯、总 α 放射性、总 β 放射性。

（3）废（污）水监测项目

在车间或车间处理设施排放口采样测定的污染物，包括总汞、烷基汞、总镉、总铬、六价铬、总砷、总铅、总镍、苯并（a）芘、总铍、总银、总 α 放射性、总 β 放射性。

在排污单位排放口采样测定的污染物，包括 pH 植、色度、悬浮物、生化需氧量、化学需氧量、石油类、动植物油、挥发性酚、总氰化物、硫化物、氨氮、氟化物、磷酸盐、甲醛、苯胺类、硝基苯类、阴离子表面活性剂、总铜、总锌、总锰。

3. 水质监测断面布设

对于流经城镇和工业区的一般河流（污染区对水体水质影响较大的河流），监测断面可分对照断面、基本断面和削减断面三种布设。

（1）对照断面

对照断面布设在河流进入城镇或工业排污口前，不受本污染区影响的地方。

（2）基本断面（又称控制断面）

基本断面布设在能反映该河段水质污染状况的地方，一般设在排污口下游 500 ~ 1000 m 处。

（3）削减断面

削减断面布设在基本断面下游、污染物得到稀释的地方，一般至少离排污口下游 1500 m 处。

湖（库）采样断面应按水域部位分别布设在主要出入口，以及湖（库）的进水区、出水区、浅水区、中心区。或者根据水的用途在饮用取水区、娱乐区、鱼类产卵区等布设断面。

4. 采样位置、采样时间和采样频次

（1）采样位置

对于江、河水系的每个监测断面，当水面宽小于 50 m 时，只设一条中泓垂线；水面宽 50 ~ 100 m 时，在左右近岸有明显水流处各设一条垂线；当水面宽为 100 ~ 1 000 m 时，设左、中、右三条垂线（中泓，左、右近岸有明显水流处）；当水面宽大于 1 500 m 时，至少要设置 5 条等距离采样垂线；较宽的河口应酌情增加垂线数。

在一条垂线上，当水深小于或等于 5 m 时，只在水面下 0.3 ~ 0.5 m 处设一个采样点；当水深为 5 ~ 10 m 时，在水面下 0.3 ~ 0.5 m 处和河底以上约 0.5 m 处各设一个采样点；当水深为 10 ~ 50 m 时，设三个采样点，即水面下 0.3 ~ 0.5 m 处一点，河底以上约 0.5 m 处一点，1/2 水深处一点；当水深超过 50 m 时，应酌情增加采样点数。

对于湖、库，监测断面上采样点位置和数目的确定方法与河流相同，这里不做赘述。

（2）采样时间和采样频次

除特殊要求外，采样频数及采样时间规定如下。

河流基本站至少每月取样 1 次，最高、最低水位期间，应适当增加测次。辅助站则根据水质污染程度和丰、平、枯的水质特征，每年采样 6 ~ 12 次。专用实验站的采样次数由监测目的和要求确定。

湖泊（水库）一般每两个月采样 1 次。大于 100 $km^2$ 的湖泊（水库），每年采样 3 次，布置在丰、平、枯水期。对污染严重的湖（库），按不同时期每年采样 8 ~ 12 次。

### （三）地表水资源保护途径

1. 减少工业废水排放

（1）改革生产工艺

通过改革生产工艺，尽量减少生产用水；尽量不用或少用易产生污染的原料、设备及生产工艺。如发展海水型工业，将大量的冷却、冲洗用水以海水代替；发展气冷型工业，把水冷变成风冷；采用无水印染工艺，可消除印染废水的排放；采用无氰电镀工艺，可以使废水中不再含氰化物；用易于降解的软型合成洗涤剂代替难以降解的硬型合成洗涤剂，可以大大减轻或消除洗涤剂的污染。

（2）重复利用废水

采用重复用水及循环用水系统，以使废水排放量减至最少。根据不同生产工艺对水质的不同要求，可将甲工段排的废水送往乙工段使用，实现一水二用或一水多用，即为重复用水。如利用轻度污染废水作为锅炉的水力排渣用水或作为炼焦炉的洗焦用水。

将生产废水经适当处理后，送回本工段再次利用，称为循环用水。如高炉煤气洗涤废水经沉淀、冷却后可再次用来洗涤高炉煤气，并可不断循环，只需补充少量的水补偿循环中的损失。循环用水的最终目标是达到零排放。

（3）回收有用成分

尽量使流失至废水中的原料和成品与水分离，就地回收，这样做既可减少生产成本，增加经济效益，又可大大降低废水浓度，减轻污水处理负担。如造纸废水碱度大、有机物浓度高，是一种重要的污染源。如能从中回收碱和其他有用物质，即可变污染源为生产源。酚的质量浓度大于 1 500 ~ 2 000 mg/L 的废水，经萃取回收后，可使酚的质量浓度降至 100 mg/L 左右，即可从每立方米废水中回收约 2 kg 酚。

2. 妥善处理城市及工业废水

采取上述措施后，仍将有一定数量的工业废水和城市污水排出。为了确保水体不受污染，必须在废水排入水体之前，对其进行妥善处理，使其无害化，不致影响水体的卫生性及经济价值。

废水中的污染物质是多种多样的，不可能只用一种方法就能够把所有污染物质都去除干净。无论对何种废水，往往都需要通过几种方法组成的处理系统，才能达到处理的要求。按照不同的处理程度，废水处理系统可分为一级处理、二级处理和深度处理等。一级处理只去除废水中呈悬浮状态的污染物。废水经一级处理后，一般仍达不到排放要求，尚须进行二级处理，因此对于二级处理来说，一级处理是预处理。二级处理的主要任务是大幅度地去除废水中呈胶体和溶解状态的有机污染物。通过二级处理，一般废水能达到排放标准。但在处理后的废水中，还残存微生物不能降解的有机物和氮、磷等无机盐类。一般情况下，它们的含量低，对水体无大危害。深度处理是进一步去除废水中不能降解的有机物、无机盐类及其他污染物质，以便达到工业用水或城市用水所要求的水质标准。

3. 对城市污水的再利用

随着工业及城市用水量的不断增长，世界各国普遍感到水资源日益紧张，因此开始把处理过的城市污水开辟为新水源，以满足工业、农业、渔业和城市建设等各个方面的需要。实践表明，城市污水的再利用优点很多，它既能节约大量新鲜水，缓和工业与农业争水以及工业与城市生活争水的矛盾，又可大大减轻纳污水体受污染的程度。

（1）城市污水回用于工业

城市污水一般可回用于冷却水、锅炉供水、生产工艺供水，以及其他用水，如油井注水、矿石加工用水、洗涤水及消防用水等，其中尤以冷却水最普遍。利用城市污水做冷却水时，应保证在冷却水系统中不产生腐蚀、结垢，以及对冷却塔的木材不产生水解侵蚀作用。此外，还应防止其产生过多的泡沫。

（2）城市污水回用于农业

随着城市污水的大量增加，利用污水灌溉农田的面积也在急剧扩大。尽管污灌水都是经二级处理后的城市污水，但还是含有这样或那样的有害物质，如使用不当，盲目乱灌，也会对环境造成污染危害，甚至导致农作物明显减产，或造成土壤污毒化、盐碱化，所以应根据土壤性质、作物特点及污水性质，采用妥善的灌溉制度和方法，并制定严格的污水灌溉标准。

（3）城市污水回用于城市建设

城市污水回用于城市建设，主要用作娱乐用水或风景区用水。在把处理过的城市污水用于与人体接触的娱乐及体育方面的用途时，必须符合相关标准，对水质的要求必须洁净，不含有刺激皮肤及咽喉的有害物质，不含有病原菌。

## 四、地下水资源保护

人类经济社会活动对地下水资源的量与质均产生日益深刻而剧烈的影响，随之出现诸如水质污染、地下水位下降、地面大面积沉降等一系列环境问题。因此，保护地下水资源已成为一项十分紧迫而艰巨的任务。

### （一）地下水污染特征

1. 地下水污染过程缓慢，不易觉察

由于地下水存蓄于岩石、土壤的空隙中，流速缓慢，污染物在地下水的弥散作用很慢，一般从开始污染到监测出污染征兆，要经过相当长的时间。同时，污染物通过含水层时有部分被吸附和降解，从观测井（孔）取得的水样都是一定程度净化了的水样。这些都给地下水质的监测、预报和控制带来了很大困难。

2. 地下水污染程度与含水层特性密切相关

地下水埋藏于地下，其贮存、运动、补给、开采等过程都与含水层特性有密切关系，这些又直接影响地下水污染状况的变化。地下含水层特性主要指它的水理性质，即容水性、给水性和透水性，而其中最主要的是透水性。含水层按透水性能可分为强透水和弱透水；按空间变化可分为均质和非均质；按透水性和水流方向的关系又可分为各向同性和各向异性。如污染源处于地下水流上游方向，且含水层透水性向下游方向越来越强，则污染物随补给进入地下后，可能向下游方向移动相当远的距离。如污染源处于地下水汇流盆地中心处，且含水层透水性很弱，则污染物不易向四周扩散，污染程度会日益加强。

3. 确定地下水污染源难，治理更难

由于地区间水文地质结构千差万别，岩石透水性的强弱不仅取决于空隙大小、空隙多少和形态，而且与裂隙、岩溶发育情况直接有关。可以说，污染物从污染源排出后进入地下水的通道是错综复杂的。可能由于附近的污染源坐落在不透水岩层上，而使所排的污染物难以进入地下水体；相反，较远处的污染源排出的污染物，可能通过岩层裂隙或地下溶洞很容易污染地下水域，这就给确定污染源带来了较大困难。而且水量更替周期长，即使切断污染物补给源，吸附于含水层中的污染物，在一定时期内仍能污染流经其中的地下水。因此，可以说地下水一旦污染便很难治理。

## （二）地下水污染物及其来源

1. 地下水污染物

一般情况下，地下水的污染物质分为如下几类。

（1）构成地下水化学类型和反映地下水性质的常规化学组成的一般理化指标：$K^+$、$Na^+$、$Ca^{2+}$、$Mg^{2+}$、$SO_4^{2-}$、$Cl^-$、$HCO_3^{2-}$、$CO_3^{2-}$、$NH_4^+$、$NO_2^-$、$NO_3^-$、pH 值、矿化度、总硬度等。

（2）常见的金属和非金属物质：Hg、Cr、As、Cd、F、$CN^-$ 等。

（3）有机有害物质：酚、石油、有机磷、有机氯等。

（4）生物污染物：细菌、病毒、寄生虫卵等。

2. 地下水污染来源

地下水的污染源和污染途径主要有以下几个方面。

（1）工业生产中的废物

工业生产中往往有不少“三废”排入环境，其中工业废水可能直接或间接地进入地下水；向大气排放的污染物可能由于重力沉降、雨水淋洗等作用而降落到地表，然后有可能被水挟带而渗入地下水；而周围固体废弃物中的有害物质，则可通过淋滤作用而进入地下水。

（2）现代农业的废物

现代农业的废物主要是由污水灌溉、农药及化肥的使用造成地面污染，通过大气降水的淋滤作用而进入地下水。有害物质可以通过施肥（化肥、厩肥、生活垃圾、工业废液、水处理厂污泥等）、喷药（杀虫剂、杀菌剂、除草剂等）、污水灌溉回归等形式渗滤地下，污染地下水。

（3）矿山开采中的废物

采矿所产生的地下水污染物主要是有色金属、放射性矿物和酸性矿水等。如采煤时会引起共生矿物黄铁矿氧化而产生硫酸污染地下水。油田开采中漏油或勘探中使用的某些化学药品，都可能进入淡水含水层而污染地下水。

（4）自然灾害

许多自然灾害可能直接或间接地造成地下水污染。例如，火山爆发将喷发大量的熔岩流、火山灰和有害气体，它们均可能直接或间接地污染地下水；地震可能造成局部构造的破坏，从而加快地面污水向地下水的入渗速度；洪水泛滥将会增大向地下水的入渗量，同时，将会较多地挟带污染物进入地下水。

## （三）地下水污染的控制与治理

### 1. 加强“三废”治理，减少污染负荷

地下水中的污染物主要来源于工业“三废”（废水、废渣、废气）、城市污水和农业污染（污水灌溉、农药、化肥的下渗），因此地下水污染的控制首先要抓污染源的治理。

第一，必须搞好污染源调查。在城市及工业企业地区主要查明有多少工厂，生产什么产品和副产品，在生产过程中使用什么化学药品，“三废”物质的成分、浓度、排放量，以及各工厂的“三废”处理措施及效果。在农村，主要查明农药、化肥的用量及品种，耕地土质情况，灌溉水源的水质和渠道位置及集中堆肥位置等。在矿区，应调查矿区范围、矿产品种及所含物质，矿渣堆放场及运输情况。

第二，加强污染源治理。使污染物在排放前进行无害化处理，杜绝超标排放。在工矿企业中通过改革生产工艺，逐步实现无污染、少污染工艺或实行闭路循环系统，以最大限度地减少排污负荷。对于超标排污的单位，要限期治理；在限期内不能治理的，应通过行政和法律手段，令其关、停、并、转。

第三，要防止新污染源的产生。对新建和扩建的项目，必须经过论证，有关部门审批，严格执行“三同时”（建设项目中防治污染的设施，必须与主体工程同时设计、同时施工、同时投产使用）原则和环境影响报告书制度。

### 2. 建立地下水监测系统

为掌握地下水动态变化和查明污染程度、范围、成分、来源、危害情况与发展趋势，应在水源地及水源地周围可能影响地区，建立专门的观测井孔，形成监测网，进行长期监测。同时，还应经常观察周围污水排放、污水灌溉、传染病发病等情况，目的是随时了解地下水质的变化情况，以便及时采取必要的防污、治污措施。

### 3. 加强对地下水资源开发的管理

为了充分有效地开发利用地下水资源，又要避免水质污染，并尽量预见未来发展和对策，必须加强对地下水资源的管理。

第一，要建立权威性水资源管理机构，实现水资源统一管理。以前多部门治理给地下水管理工作带来了很大困难，必须理顺各部门间的关系，建立一个真正有权威的水资源管理机构，加强水资源保护的监督和协调作用。

第二，制定切实可行的地下水开发利用规划和水资源保护规划，对地下水的开发利用、防护与治理，实行科学管理、统筹安排、宏观调控，以达到既充分利用水资源，发挥其最大经济效益，又避免发生不良后果的目的。

第三，增强法治观念，依法治水。目前，国家已颁布《中华人民共和国环境保护法》《中华人民共和国水法》《中华人民共和国水污染防治法》《中华人民共和国海洋环境保护法》等相关法律，各地区也制定了一些法令、规定、实施细则等法律文件，给依法治水创造了良好的条件。在治水过程中，要做到有法必依，执法必严，违法必究。

# 第四章　节约用水

## 第一节　节水概述

水是国民经济的重要资源。随着社会经济的快速发展，人口急剧膨胀，水环境问题日益突出。节约淡水资源，是保持人类社会经济可持续发展的一条重要措施。因此，我们必须要合理利用和节约水资源。

随着城市化进程加快，我国许多城市均存在不同程度的水资源短缺现象。城市日益严重的水资源短缺和水环境污染问题不但严重困扰国计民生，而且已经成为制约社会经济发展的主要因素。解决水资源供需矛盾的重要途径就是合理开发和利用水资源，开源节流，探索各种节水方法，让有限的水资源获得最大的利用效益，实现水资源利用与环境、社会经济的可持续发展。

### 一、节约用水的内涵

节约用水重要的是要强调如何有效利用有限的水资源，实现区域水资源的平衡。其前提是基于地域性经济、技术和社会的发展状况。如果脱离这个前提则很难采取经济有效的措施，保证“节约用水”的实施。“节约用水”的关键在于根据有关的水资源保护法律法规，通过广泛宣传教育，提高全民的节水意识。引入多种节水技术与措施、采用有效的节水器具与设备，降低生产或生活过程中水资源的利用量，达到环境、生态、经济效益的一致与可持续发展的目标。

由此可见，“节约用水”的基本内涵为：基于经济、社会、环境与技术发展水平，通过法律法规、管理、技术与教育手段，以及改善供水系统，减少需水量，提高用水效率，降低水的损失与浪费，合理增加水的可利用量，实现水资源的有效利用，达到环境、生态、经济效益的一致与可持续发展。

节约用水不是简单消极的少用水，其含义已经超出节省水量的概念，它包括水资源的保护、控制和开发，保证其可获得最大水量并合理利用、精心管理和文明使用自然资源的意义。

## 二、我国节约用水的发展历程

### （一）农业节水萌芽期（1949—1978 年）

中华人民共和国成立时，为尽快恢复生产，国家集中力量整修加固江河堤防、农田水利工程，开展了大规模的水利工程建设。这期间，大多数人认为水是一种取之不尽、用之不竭的资源，节水意识较为淡薄。随着农田灌溉面积不断扩大，用水需求持续增加，水资源供需平衡问题逐步出现，节约用水开始受到关注。1952 年，周恩来同志提出经济合理用水。1961 年，中央转批农业部、水利电力部《关于加强水利管理工作的十条意见》，围绕灌区管理提出节约用水。20 世纪 60 年代初，我国开始探索农业节水灌溉技术，一些灌区推行了沟灌、畦灌和计划配水等相对节水的灌溉模式。70 年代初，一些地区对自流灌区土质渠道进行防渗衬砌。70 年代中期开始，北方地区试验推行喷灌、滴灌等高效节水灌溉技术。

### （二）城市节水推进期（1978—1998 年）

党的十一届三中全会后，我国进入改革开放和社会主义现代化建设的历史新时期，水利的重要地位和作用日益为全社会所认识。国家从 20 世纪 70 年代后期开始把厉行节约用水作为一项基本政策；1981 年，国家经委、计委、城建三部门发布《关于加强节约用水管理的通知》；1984 年，国务院印发《关于大力开展城市节约用水的通知》，推动节约用水尤其是把城市节水摆上政府重要议程。1988 年 1 月，六届全国人大常委会第二十四次会议通过《中华人民共和国水法》，提出国家实行计划用水，厉行节约用水，各级人民政府应当加强对节约用水的管理，各单位应当采用节约用水的先进技术，将节约用水的规定提升到国家法律层面。90 年代，全国开始推进节水型城市建设。这一时期，受工业缺水与水污染问题的驱动，我国工业节水与循环用水也取得了进展。

### （三）全面节水建设期（1998—2012 年）

这一时期我国经济社会发生了深刻变化，社会主义市场经济体制初步建立，经济发展方式加快转变。同时水资源条件变化明显，人与自然矛盾显现，水资源短缺和生态环境恶化形势日益严峻。这一时期，为应对区域性、系统性水问题，国家全面开展了节水型社会建设。1998 年，中央提出把推广节水灌溉作为一项革命性措施来抓，并在水利部设立全国节约用水办公室。2000 年，中央在关于制定国民经济和社会发展第十个五年计划建议中，首次提出“建设节水型社会”。2001 年 3 月，水利部确定甘肃省张掖市为全国首家节水型社会建设试点。节约用水的重要性不断提升，标志性成果包括：2002 年新《中华人民共和国水法》把节约用水放在突出位置，把建立节水型社会目标写入总则第八条；2004 年中央人口资源环境工作座谈会强调要把节水作为一项必须长期坚持的战略方针；2011 年中央一号文件把节水工作作为实行最严格水资源管理制度的重要内容等。

### （四）深度节水发展期（2012 年以来）

党的十八大将“建设节水型社会”纳入生态文明建设战略部署，党的十八届三中全会强调要健全能源、水、土地节约集约使用制度。2014 年 3 月，中央提出“节水优先、空间均衡、系统治理、两手发力”的治水思路，将“节水优先”放在首要位置。节约用水从认识上实现了飞跃，达到了前所未有的高度，具有里程碑意义。党的十九大报告提出实施国家节水行动，标志着节约用水成为国家意志和重要战略。2018 年，党和国家机构改革中，水利部节约用水职能和机构得到突出强化。2019 年 4 月，经中央全面深化改革委员会审议通过，国家发展改革委、水利部印发实施《国家节水行动方案》。2020 年 8 月，中央审议《黄河流域生态保护和高质量发展规划纲要》，强调全面实施深度节水控水行动。2020 年 11 月，党的十九届五中全会再次强调实施国家节水行动。党的二十大报告提出了“节水优先、空间均衡、系统治理、两手发力”的治水思路，将节约用水摆在了重要的位置。

## 第二节　生活、工业、农业节水

### 一、生活节水

为了规范供水服务、促进居民生活节水，我国制定了《城市供水条例》《城镇供水价格管理办法》《水资源费征收使用管理办法》等规范性文件和《村镇供水工程技术规范》《村镇供水工程施工质量验收规范》等行业标准，且出台了建设标准、水价调整、供水精细化管理、污水处理费征收、多方参与投资运行等政策。这里主要介绍村镇居民生活节水的现状以及对策。

#### （一）村镇居民生活节水现存问题

1. 供水模式与管理模式不一

目前，由于各地情况差异大，国家尚未出台统一的村镇生活供水法律。村镇供水主要分为依托城市供水系统供水、依托乡镇集中供水设施供水、联村供水、单村供水和分散供水几种模式。如在北京市房山区，区级供水覆盖城关地区、良山地区和燕化地区，水源来自水井；镇级供水通过供水站集中供水，供水范围覆盖镇内区域；村级供水则因地制宜地采取集中供水、单村供水和分散供水三种方式。

村镇供水模式和管理模式不同，会影响水费收缴结果和节水效果。在水费收缴方面，集中供水厂的水费收缴率相对较高，联村供水站的水费收缴率相对较低，单村供水站的水费收缴率相对最低。

在供水管理方面，水资源销售管理方式不同，会直接影响村镇居民的节水意识和节水效果。对于村集体运营的单村供水站，若村民反对收缴水费，运行管护成本除财政补贴外全部由村集体承担，这既增加了村集体的资金压力，也会影响居民的节水意识和节水效果。村镇集中供水因为模式不同，导致有的收费，有的不收费；有的收取阶梯水价，有的不收取阶梯水价。这势必使一些居民产生抵触心理，不利于普遍培养使用者付费的节水意识。

2. 水价政策不一

目前国家尚未出台统一的村镇生活供水价格文件。在一些地区，村镇水价改革得到整体推进。如2016年通过的《重庆市村镇供水条例》规定，有条件的地区应当实行城乡同一水价，规模化供水工程的水价由政府定价，小型集中供水工程的水价由政府指导定价或供用水双方协商定价；2020年出台的《贵州省农村供水管理办法（试行）》明确乡村水价可参照城镇水价制定，农民生活用水价格原则上实行成本水价。

与此同时，贵州、重庆和四川的地方立法都规定，村镇供水水价不能弥补供水成本的，由当地政府给予适当补贴。一般来说，如果水价总体偏低，未触及居民节水的敏感阈值，难以充分反映水资源稀缺程度，也不能合理反映供水真实成本，难以提升居民的节水意识。

目前，还有很多省份尚未出台统一的村镇供水价格文件。对于城市供水覆盖范围内的村镇用水，一般按照城市供水价格实施阶梯水价；对于城市供水覆盖范围外的村镇，由地方政府统一投资建设集中供水设施；一些村集体，既未给农户安装水表，也未向居民收取水费，水费或供水成本靠村集体缴纳或承担，增加了村集体的经济负担。同时，由于未缴纳水费，村民的节水意识比较薄弱，地下水开采总量居高不下。

3. 供水管网设施建设和运行管护市场参与机制不完善

我国村镇供水管网的建设和运行管护主要依靠地方政府和村集体。一些地方建设和运行管护管理模式单一，专业化不强，水资源有效利用率不高，与建设节水型社会的要求存在差距。另外，一些村镇的集中供水设施尚未建设蓄水池，管网压力不均衡，水量与水质不稳定，杀菌也不彻底。由于带有蓄水池的村镇供水输配较为专业，如果村集体自己运行，易造成电力和水资源浪费，因此有必要引入第三方专业服务机构参与投资建设和运行管护。但目前由于村镇管理模式僵化，一些村镇支付能力较差，民间资本和第三方专业服务机构参与投资、建设和运行管护的程度低，既难以为居民提供高质量的供水服务，也难以有效降低供水成本，充分节约水资源。

4. 污水处理收费机制欠缺

为了改水改厕，全国许多村镇因地制宜地建设了分散式化粪池和污水集中处理设施。在一些尚未统一建设排水管网和污水集中处理设施的村镇，家庭化粪池分散收集和集中外运处理仍是主要的处理手段。有的村镇未采取外运手段，污水直排，既浪费水资源，也污染环境。

由于化粪池的建设存在卫生和安全隐患问题，不少村民认为还是建设排水管网更好。在一些统一建设排水管网和污水集中处理设施的村镇，管网设施基本由政府或村集体投资建设，财政则给予一定补贴。

自流式排水管网和污水处理设施的运行管护成本低，需要动力辅助的排水管网和污水处理设施则需消耗电力，产生电费等运行管护成本。按照污染者付费原则，污水处理设施的运行管护费用除了财政补贴外，还需要村集体甚至村民负担。我国尚未针对村镇建立生活污水处理全覆盖的收费机制，如果不向村民收取污水处理费，既不利于吸引第三方参与污水处理的专业运行管护，也难以真正发挥污水处理设施净化水环境的作用。

## （二）创新和完善村镇居民生活节水的经济政策

1. 针对不同供水模式和管理模式建立水价制定和水费计收机制

针对不同的供水模式、不同规模的供水设施和不同发展水平的村镇，有必要分类指导，在坚持公益性原则的基础上，建立“一地一策”的水价制定政策。

在城乡一体化供水地区，可参照城市供水要求定价以及计算、计收水费，政府予以适当补贴；在联村集中供水村镇，可参照城镇供水模式开展运行管理和水价制定，实行政府指导价，相关的管护设施差额由县级人民政府和村集体予以补贴；在单村集中供水村镇，要贴合地方实际，将所有权与经营权分离，采取用水管理协会管理、承包、租赁、拍卖、股份合作、委托管理等多种管理和投资方式盘活村镇供水市场；对于个别的分散供水工程，可在当地水利部门技术指导和监督下，规范成本和价格构成，由用水户自行维护和管理，并共同承担工程的年运行费用，保证工程的长效运行。

水价确定后，为了简化水费计算和征收程序，可依据供水合同分类开展水费计收工作。在信息化条件较好的村镇，用水户通过刷卡或APP在网上事先购买用水指标，再在预存费额度内用水；在交易信用比较好的村镇，可通过微信群填报和缴费的方式开展缴费管理；在一些难以度量水资源消费的地方，可将水站运行管护电费、水资源费等一并捆绑至电费中予以征收。

2. 鼓励第三方参与村镇水资源管理

第三方专业服务机构具有市场活力，能通过竞争提高供水和排水系统管理效率，通过专业化管护提升节水水平。首先，可考虑建立“募集社会资本 + 集成先进适用节水技术 + 对项目开展节水技术改造 + 建立长效节水管理机制 + 分享节水效益”的新型市场化运行管理商业模式。如在供水方面，可参考贵州等地的立法经验，将所有权与管理权分离，采取符合当地实际的市场管理方式或混合管理方式予以管理，盘活村镇供水投资和运行管护市场。在混合管理模式下，地方政府投资公司和第三方专业服务机构按比例投资或依据合同约定，开展管理并分配利润。另外，在第三方参与村镇水资源管理的村镇，建议建立相应的奖励和补贴机制，健全税收优惠制度，加大对节水管理的支持。

3. 补齐村镇污水收集和处理设施建设短板

政府可制定村镇排水管理条例，支持村镇因地制宜建设污水收集和处理设施。首先，在人口集中居住、地势相对平坦的村镇，可建设排水管网与污水集中处理设施；在人口集中居住、地势有一定落差的缺水村镇，可建设负压式真空厕所及配套的管网系统和污水处理系统；在人口居住分散的缺水地区，可建设免水冲卫生厕所；在建设化粪池的村镇，由村镇或第三方运行管护机构组织抽吸外运。其次，可依托第三方建设和运行管护分散式化粪池及排水管网与污水集中处理设施，费用由财政资金、村集体和用水户按比例分摊。再次，无论是分散式化粪池还是排水管网收集的污水，处理后的污水和有机肥优先用于绿化浇灌或农田施肥。污水处理除了政府按人口规模或实际用水量补贴的费用外，居民还应按照污染者付费的原则缴纳污水处理费，收费标准与用水量捆绑并参照城市污水处理收费标准执行；与用水量捆绑有难度的，则与用电量捆绑；污水处理成本高于当地平均水平的，应开展技术优化和工艺提升。最后，鼓励建设自流式排水管网和污水生态净化设施，鼓励建设间歇性运转的污水处理设施，降低运行管护成本。有条件的地区，可尝试采用膜处理技术。

## 二、工业节水

按照“节水优先、空间均衡、系统治理、两手发力”的治水思路，坚持以水定城、以水定地、以水定人、以水定产，把水资源作为最大的刚性约束，合理规划人口、城市和产业发展。

国家实施用水总量和用水强度双控制度。水利部、工业和信息化部等多部门密集出台一系列工业节水政策，推动工业水效升级、产业绿色可持续发展。

国家发展改革委、水利部发布《国家节水行动方案》，要求强化指标刚性约束，严格实行区域流域用水总量和强度控制。严格用水全过程管理，加强对重点用水户监督管理。强化节水监督考核，实行最严格水资源管理制度考核。大力推进工业节水改造，完善供用水计量体系和在线监测系统，强化生产用水管理；推广节水工艺和技术；重点企业要定期开展水平衡测试、用水审计及水效对标。推动高耗水行业节水增效；在高耗水行业建成一批节水型企业。

### （一）工业节水现存问题

近年来，虽然工业节水取得一定进展，但目前工业行业粗放低效的用水方式仍然没有得到根本转变，工业节水尚存在一些问题。

第一，节水政策法规顶层设计不足，工业企业缺乏开展用水管理和节水的法律依据及刚性约束政策。目前，尚没有明确适用于全国工业行业的节约用水法律法规，节水标准不足且滞后，节水政策与用水管理的刚性需求矛盾突出。

第二，水价过低，制约工业企业节水主动性和积极性。我国水价偏低，只有发达国家的 1/10，低廉的水价难以体现水资源的稀缺性和珍贵性，加之水价政策出台滞后，工业企业节水意愿普遍较低。

第三，用水管理基础较为薄弱，水平参差不齐。工业行业节水统计体系基本没有建立或不健全不完善，节水管理与分析缺少有效的基础数据信息支持。企业用水三级计量不完善，缺乏定期维护和校验，相关监管缺位。

第四，工业节水技术推广应用的市场动力薄弱。工业用水系统复杂，高盐废水处理回用、浓盐水资源化利用、管网漏损智能监测、用水系统智能升级等节水技术瓶颈明显，节水项目经济效益较差，节水技术推广应用的市场动力薄弱。

### （二）工业水效提升建议

第一，完善节水政策法规。制定适用于工业行业的节约用水法律法规，为工业节水管理提供法律依据。

第二，健全用水定额标准体系。开展用水定额体系研究，建立一套与用水精准管理相适应的用水定额标准体系。

第三，开展水平衡测试。定期开展水平衡测试和审核工作，为企业用水管理、用水考核提供基础，为企业节水评估、用水计划批复、用水定额制定等提供技术依据，为企业摸清用水家底、找出用水薄弱环节、挖掘节水潜力提供支撑。

第四，建立用水审计和节水评估制度，推动节水监督管理。按计划定期进行用水审计和节水评估与审核，推进企业问题整改，落实节水设施，完善节水管理制度，提升用水管理水平。

第五，健全节水“三同时”“四到位”制度，开展节水设施规划设计审核和竣工验收管理。节水设施必须与主体工程同时设计、同时施工、同时投产使用，用水单位要做到用水计划到位、节水目标到位、节水措施到位、管水制度到位。

第六，建立工业节水统计报表制度，系统性地反映工业节水的完整信息，为工业节水现状分析和评估提供基础依据。统计报表包括工业用水企业基本情况、主要节水指标情况、节水工艺技术和装备推广应用情况、节水项目建设情况、节水设施投资情况等统计信息，以年报和季报的形式逐一进行统计，并定期公布工业节水月报、季报和年报。

第七，制定企业用水精细化管理方案，全面优化管控用水系统网络，实施生产过程高效用水和污染控制，确保用水高效化、清洁化和无害化。研发、推广、应用工业节水新技术，突破节水技术瓶颈。重点推广应用工艺节水、供水管网漏损检测、循环水运行管理智能化、水处理污泥处理处置和利用、浓盐水减量和资源化利用、高浓高盐重污染废水处理回用、废水零排放、非常规水利用等先进节水工艺技术和装备。

## 三、农业节水

### （一）我国农业节水现状

尽管我国农业节水的技术日趋成熟，但我国的水资源相对较为短缺，仍然存在许多问题，如果不能意识到这些问题，并采取一定的解决措施，那么我国的农业、社会、经济发展都将受到影响。

首先，我国的用水效率较低。我国虽然已经开始发展节水农业，用水还是相对较为浪费，用水、节水管理有待强化。部分灌排设施不符合标准，老化现象严重，因此，不能够最大化地利用水资源。其次，技术相对于农业更加发达的国家来说，还比较落后。设备材料以及制造工艺不够先进，无法满足现代农业发展的需求。最后，我国的节约用水宣传力度还不够，民众的节水意识淡薄，相关的节水政策落实不到位。

因此必须认清现状，提出更好的节水增产的农艺技术措施。在这些措施中，地表覆盖保墒技术和耙耱保墒技术最为突出。

### （二）地表覆盖的保墒技术措施

1. 使用塑料薄膜覆盖土壤表面的技术措施

塑料薄膜的覆盖技术非常容易理解，就是直接在种植农作物的土壤表面覆盖上一层薄薄的塑料膜，或者在土壤上方搭建一个架子，再裹上塑料膜的技术。使用塑料薄膜覆盖土壤表面，是在农作物的种植生长过程中，从源头上减少土壤的水分蒸发来实现节约水资源的目标。其原理在于，当处于夏季的时候，塑料薄膜不仅可以降低太阳对地面的直射，而且可以减少因为温度升高而蒸发的水分；冬天的时候，这层塑料拨料则起到保温的作用。因为只有当土壤温度保持在一定水平，农作物才能茁壮成长，产量才能提高。

2. 使用砂石覆盖土壤表面的技术措施

覆盖土壤表面的材料不仅可以是塑料薄膜，还可以是砂石。因为在不同地区，受天气、气候条件的影响，塑料薄膜并不是作为覆盖土壤表面进行节水的最好选择，特别是在宁夏等西部地区。在西部地区，气候较为干燥，温差大，可以因地制宜，利用当地的砂石来覆盖土壤表面以达到节水的目的。砂石主要有卵石和粗砂等。其节水原理和塑料薄膜一样，就是通过覆盖土壤表面，减少太阳直射，降低土壤水分蒸发的速度。但是在覆盖砂石时，不要为了过分追求减少太阳直射，而忽视了砂石合适的覆盖厚度。

### （三）耙耱保墒技术措施

#### 1. 耙耱保墒的技术措施

耙耱保墒的技术措施也能达到节水增产的目标。耙耱保墒技术要两次对土壤进行耙耱，第一次是为了松土，使土壤变得疏松，便于空气进入；第二次则是对第一次结束耕翻的土地进行第二次耙耱，这一次是为了耱碎土块，磨平土壤，减少第一次因松土而变大的土壤密度，减少土壤的空隙，让土壤更加紧实，以降低水分蒸发的量和速度。但是这一措施更加适用于秋季作物的播种。

#### 2. 中耕保墒的技术措施

耙耱保墒的技术措施针对的是作物的播种期间，而中耕保墒的技术措施则是针对农作物的生长期间。通过中耕保墒的技术措施，就能够清除土壤表面上的土块，或是使结块的土壤变得更加疏松，减少太阳的直射，从而实现节水增产的目标。并且，中耕保墒的技术措施还可以及时清除农作物的天敌——杂草。杂草会吸收本应由农作物吸收的养分和水分，不利于农作物的生长。如果能够及时清理杂草，确保杂草不吸收农作物的水分，留出更多的水分给农作物，这样就可以减少灌溉次数，达到节水的目的。

#### 3. 深耕、深锄保墒的技术措施

深耕、深锄的技术主要是应用于干旱地区。因为在干旱地区，土壤的表面也非常干燥，土壤表层的水分非常少。这时候就需要应用深耕、深锄的技术，深入地对土壤进行翻耕，一直到土壤的中层，疏松中层土壤，让农作物能够吸收到中层的水分。此类技术也应该应用在风大的地区，因为风力过大，就极易吹断农作物，造成农作物产量减少。在这两类情况下，深耕、深锄的保墒技术就开始发挥作用。

# 第三节　海水淡化与雨水利用

## 一、海水淡化

发展海水（和苦咸水）淡化技术已成为当今世界各国的共识。我国海岸线长，而且沿海和中西部地区拥有极为丰富的地下苦咸水资源（和海水类似）。海水淡化是

当今世界竞相研究的高新技术，而且在有些国家已经形成海水淡化产业。

海水淡化,也称海水脱盐。海水淡化的方法有蒸馏法、反渗透法、海水冷冻法等。

### （一）蒸馏法

蒸馏法的基本原理就是加热海水，使水蒸发与海水中盐分离，再使水蒸气冷却成淡水。蒸馏法依据所用能源、设备及流程的不同，分为多级闪蒸、低温多效和蒸汽压缩蒸馏等，其中以多级闪蒸工艺为主。

### （二）反渗透法

反渗透法主要是指利用半透膜，在压力下允许水透过半透膜而使盐和杂质截留的技术。半透膜就像一个筛孔，在海水通过时只有体积小的水分子可以穿过，而体积较大的盐分不能通过。

### （三）海水冷冻法

海水冷冻法是在低温条件下将海水中的水分冻结为冰晶并与浓缩海水分离而获得淡水的一种海水淡化技术。

冷冻海水淡化法原理是利用海水三相点平衡原理，即海水气、液、固三相共存并达到平衡的一个特殊点。若改变压力或温度偏离海水的三相平衡点，平衡即被破坏，三相会自动趋于一相或两相。

真空冷冻法海水淡化技术是利用海水的三相点原理，以水自身为制冷剂，使海水同时蒸发与结冰，冰晶再经分离、洗涤而得到淡化水的一种低成本的淡化方法。真空冷冻海水淡化工艺包括脱气、预冷、蒸发结晶、冰晶洗涤、蒸汽冷凝等步骤。

冷冻海水淡化法腐蚀结垢轻，预处理简单，设备投资小，并可处理高含盐量的海水，是一种较理想的海水淡化技术。海水淡化法工艺的温度和压力是影响海水蒸发与结冰速率的主要因素。冷冻法在淡化水过程中需要消耗较多能源，获取的淡水味道不佳，该方法在技术中还存在一些问题，影响其使用和推广。

## 二、雨水利用

雨水利用是水资源综合利用中的一项新的系统工程，具有良好的节水效能和环境生态效应。通过合理的规划和设计，采取相应的工程措施开展雨水利用，既可缓解城市水资源的供需矛盾，又可减少城市的雨洪灾害。

雨水利用综合考虑雨水径流污染控制、城市防洪以及生态环境的改善等要求，建立包括屋面雨水集蓄系统、雨水截污与渗透系统、生态小区雨水利用系统等。将雨水用作喷洒路面、灌溉绿地、蓄水冲厕等城市杂用水的雨水收集利用技术是城市水资源可持续利用的重要措施之一。

雨水利用实际上就是雨水入渗、收集回用、调蓄排放等的总称。入渗利用，增加土壤含水量，有时又称间接利用；收集后净化回用，替代自来水，有时又称直接利用；先蓄存后排放，单纯消减雨水高峰流量。

雨水利用的意义可表现在以下几个方面：①有效节约水资源，缓解用水供需矛盾。②通过建立完整的雨水利用系统（即由调蓄水池、坑塘、湿地、绿色水道和下渗系统共同构成），有效削减雨水径流的高峰流量，提高已有排水管道的可靠性。③强化雨水入渗，改善水循环，沉淀和净化雨水，减少污染。④雨水净化后可作为生活杂用水、工业用水，减少自来水的使用量，节约水费；雨水渗透还可以节省雨水管道投资；雨水的储留可以加大地面水体的蒸发量，创造湿润气候，减少干旱天气，利于植被生长，改善城市的生态环境。

# 第五章　水资源管理

## 第一节　水资源管理概述

### 一、水资源管理的内涵与原则

#### （一）水资源管理的内涵

1996年，联合国教科文组织国际水文计划工作组将可持续水资源管理定义为，支撑从现在到未来社会及其福利，而不破坏它们赖以生存的水文循环及生态系统的完整性的水的管理和使用。

#### （二）水资源管理的原则

水资源管理是由国家行政主管部门组织实施的、带有一定行政行为的管理，对一个国家和地区的生存和发展有极为重要的作用。加强水资源管理，必须遵循以下原则。

1. 坚持依法治水的原则

为了合理开发利用和有效保护水资源，防治水害，以充分发挥水资源的综合效益，必须遵守有关法律和规章制度，如《中华人民共和国水法》《中华人民共和国水污染防治法》《中华人民共和国水土保持法》《中华人民共和国环境保护法》等。这些是水资源管理的法律依据。

2. 坚持水是国家资源的原则

水，是国家所有的一种自然资源。水资源虽然可以再生，但它毕竟是有限的。过去，人们习惯认为水是取之不尽、用之不竭的。实际上，这是不科学的认识，它可能导致人们无计划、无节制地用水，从而造成水资源的浪费。加强水资源管理，首先应该从观念上认识到水是一种有限的宝贵资源，必须加以精心管理和保护。

3. 坚持整体考虑、系统管理的原则

地球上的水大部分不能被人类所利用，人类所能利用的水资源仅占地球上水量的很小一部分。这很小一部分的水资源总是有限的。因此，某一地区、某一部门随便滥用水资源，可能会影响相邻地区或部门用水；某一地区、某一部门随便排放废水、污水，也可能会影响相邻地区或部门用水。因此，必须从整体上考虑水资源，系统管理水资源，避免各自为政、损人利己、强占滥用的水资源管理现象。

4. 坚持用水资源价格来进行经济管理的原则

长期以来，人们认为水是一种自然资源，是无价值的，可以无偿占有和使用，因此常导致水资源的滥用，浪费极大。从经济的手段来加强水资源管理是可行的。水本身是有价值的，可以通过合理制定水资源价格来宏观调控各行各业用水，达到水资源合理分配、合理利用的目标。

### （三）现行水资源管理的准则

从一般的科学意义和社会实践的观点看，科学准则是一个范例，它浓缩了与科学基准有关的所有导则与规范。可以说，它是在共识的基础上，从理论到实践应遵循的行为准则。从科学的发展史可以看出，所发生的“科学革命”常会带动科学准则及范例的变化，有时也会引起重要概念的解释发生变化。就现行的水资源规划与管理准则而言，主要考虑以下几个方面。

1. 经济效益

经济效益是目前水资源规划与管理所追求的重要目标之一，有时甚至是在满足约束条件下的唯一目标。通常的做法是将水资源分配量作为决策变量，以水资源带来的经济效益为目标函数，其他条件作为约束，建立优化模型，从而得到最优的决策方案。因此，追求经济效益就成为现行水资源管理的准则之一。

2. 技术效率

技术上可行、效率较高是现行水资源管理的另一个准则。它要求选定的水资源管理方案，在技术上是可行的，并且使用效率较高。如果技术上不可行，再好的水资源管理方案也是不可取的。另外，如果技术上需要很大的代价才能实现，也就是说，使用效率不高时，这样的水资源管理方案也是很难实施的。

3. 实施的可靠性

由于水资源系统广泛存在内在的、外在的影响因素，在制定水资源管理方案和实施水资源管理措施时，要分析实施的可靠性。尽可能抓住影响实施的主要因素，分析实施的可靠性，寻找有效的对策以保证具体方案的实施。

## 二、水资源管理的目标

随着世界人口的不断增加，水资源开发规模日益扩大，地区、部门之间的用水矛盾更加尖锐，经济发展与生态环境保护冲突日益加剧。在这种形势下，人们不得不更加注重社会、经济、水资源、环境间的协调，地区、部门之间的用水协调，现代与未来的协调。这就向经典的水资源管理方法提出了挑战，具体表现在以下三个方面。

第一，需要加强水资源统一规划和管理的研究，包括水质和水量统一管理、地表水和地下水统一管理、工业用水和农业用水统一管理、流域上游与下游统一管理等。

第二，需要将水资源管理与社会进步、经济发展、环境保护相结合进行研究。这是水资源管理的必然要求。

第三，在现代的水资源管理过程中，需要考虑长远的效益和影响，包括对后代人用水的考虑。为了适应目前的形势，必须站在可持续发展的高度来看待水资源管理问题。水资源管理应以可持续发展为基本指导思想。

面向可持续发展的水资源管理的目标是：为社会经济的发展和生态环境的保护提供源源不断的水资源，实现水资源在当代人之间、当代人与后代人之间以及人类社会与生态环境之间公平合理的分配。因此，实现水资源可持续利用是水资源管理的中心目标。根据水资源管理目标，针对复杂的大系统，需要遵循可持续发展原则，在一定的约束条件下，建立水资源管理优化模型，寻找合理的水资源管理方案。

## 三、水资源管理的技术与方法

### （一）水资源管理的几个基本技术问题

水资源管理除精心管理有限资源，周密制定和实施正确的水政策、水管理体制和制度、法律等之外，还必须认真研究和对待管理技术、方法，才能不断提高管理水平，发挥管理的最佳功能。现代的水资源系统是生态经济复合系统的专业子系统，涉及国计民生、生态环境等诸多自然、社会因素，错综复杂，蕴藏优化管理的巨大潜力。

1. 国家或地区的水资源评价问题

国家或地区的水资源评价对全社会的可持续发展有重要的意义。这项评定工作主要包括水资源量、质量、时空分布等变化规律及开发、利用、保护、整治条件的分析与评定，以预示供持续发展需要的可能范围与规模。同时，它也是水资源持续利用和各项管理技术研究的依据与基础。

2. 国家或地区水资源承载能力问题

国家或地区水资源承载能力是指在一定的地区条件（包括自然与社会条件）下，水资源能满足人口、资源、环境与经济协调发展的极限支撑能力。一个地区的水资源数量基本上是一个常数，但通过人的优化管理，对地区发展所起的作用是不同的。或者说，一定数量的水资源对不同地区、不同的管理，它的极限支撑能力是大不一样的。即使这种不可替代的水资源达到了极限，还可以调整人类活动，保持地区的一定发展，使水资源能够继续地利用下去。

3. 国家或地区的水资源优化配置问题

水资源优化配置的过程是人类对水资源及其环境进行重新布局和分配的过程，也是人类对自然进行干预的过程。它既可对生态环境产生良好的影响，促进经济、社会持续发展，也可导致生态环境恶化，影响经济、社会的正常发展。因此，水资源的配置，事关生态经济系统的兴衰，更影响对可持续发展战略支撑能力的强弱，是优化管理的重要内容。

水资源配置有宏观、微观之分，如跨流域的南水北调（分东、中、西三线），属于宏观范畴；水资源经营、使用企业的水资源优化分配、水价管理等，属于微观范畴。根据我国可持续发展战略要求，水资源的配置方式，将是宏观调控与市场配置相结合的协调配置方式，这是最科学、合理的资源配置方式。

4. 水资源价值、价格和国民经济核算体制的管理问题

没有凝聚劳动的天然水资源和投入劳动开发提供利用的水资源均具有价值的认识，已被学术界多数人所接受，但理论研究尚需深入。水资源价格与价值的背离，迄今仍是不珍惜水、污染水、浪费水的根源之一。依靠市场机制调整水资源的价格是管理的重要方面。

主动研究预测水价格的变化动态，制定合理的水价，始终应是水资源管理的一项重要任务。因此，研究如何将水资源纳入国民经济核算体系也是水资源管理的重点。

5. 水资源管理决策中可持续发展影响评价问题

水资源持续利用不仅要以可持续利用方式对其进行有效的使用与管理，而且还应建立一种政策分析机制，以便能长久地调整或评价现行和未来的政策动向，审查水资源管理政策如何有利于水资源管理总体可持续发展。因此，综合评价水资源开发和管理活动及其对可持续发展的影响是水资源管理中一项非常重要的工作。

一般来说，任何一个复杂系统的决策问题，不论它是怎样生成的可行方案，都要通过技术、经济、环境（包括自然与社会的）诸多准则进行分析评价，从中选出满意方案，作为最终决策。因而，评价在任何决策中的作用都是非常重要的。

任何一项有意义的水事活动，如开发、治理、保护水资源和水环境工程，生态经济发展战略，自然资源管理政策等，均需进行可持续发展影响评价。它不仅对保持环境与经济协调、持续发展有重要意义，而且对制定自然资源价格（包括水价格）、推动水资源合理利用（开源与节流）、综合开发均有重大意义。

对于水资源可持续利用和发展的影响评价方法，目前还未见到，需进一步研究。但是，采用定性分析与定量分析相结合、系统分析与经验相结合、理论与实践相结合的方法论，结合不同类型的水资源、环境与经济问题，现在已有的一些方法与技术可以选用。经济分析方法、系统分析及有关数学类的方法、智能综合评价的决策支持系统的近代方法与技术都是可以尝试或搭配使用的。

## （二）水资源管理的优化方法与模拟技术

### 1. 水资源管理的优化方法

在建立有关管理的数学模型及满足所有约束条件下，使目标函数最大或最小的过程就是所谓的最优化。这种最优化方法有单目标和多目标优化法，前者根据最优规则可求得最优解，后者则要依据满意规则求出非劣解集，从中选出满意解。

迄今应用于水资源规划与管理中的优化方法有很多，以下主要介绍动态规划法和多目标优化方法。

（1）动态规划法。当资源规划与管理系统考虑时间变量影响时，即涉及发展、变化、演进过程时，就需要应用动态规划求解优化问题。它是数学规划中用来求解多阶段决策过程最优策略的有力工具，而且应用范围广，不论连续与非连续系统、线性与非线性系统、确定性和随机性系统、只要构成多阶段决策问题，都可用动态规划求解其最优策略。任何一个多阶段决策过程都是由阶段、状态、决策、状态转移以及效益费用函数所组成的，其中对状态设置必须满足演化、预知和无后效性要求，构造动态规划模型及求解方法均可按照通用的程序进行。值得一提的是，当每阶段中的状态、决策变量超过两个多维变量时，维数障碍就发生了。为了降维而产生了不少的动态规划算法，如逐次渐近法、状态增量动态规划法、微分动态规划法、离散微分动态规划法、双状态动态规划法、渐近优化算法等。

（2）多目标优化法。任何一个面向可持续发展的水资源开发与管理系统的目标至少有三个，即经济目标、社会目标和环境目标，要使这三个目标综合最佳，就是一个多目标优化问题。它不仅在水资源系统广泛使用，而且对客观现实的一些优化问题也普遍适用。多目标优化问题，从数学规划的角度看，是一个向量优化问题，其解区别于单目标的解，称为非劣解，不是唯一的。孰优孰劣，如何选择最终解？主要取决于决策者对某个解（方案）的偏好、价值观和对风险的态度。生成多目标非劣解的基础是向量优化理论，决定方案取舍的依据是效用理论，这两个理论就是多目标优化问题的基础。

求解多目标优化问题的技术很多，大体上分为三类：一类是非劣解生成技术；第二类是结合偏好的决策技术；第三类是结合偏好的交互式决策技术。这种分类法不是唯一的。可参考有关多目标（多准则）的学术著作。

以上列举的一些优化方法是水资源系统和解决其他一些实际问题常用的、比较成熟的方法。近些年来蓬勃发展的人工神经网络、遗传算法等也可作为优化的方法。

### 2. 模拟技术

“模拟”一词的应用范围非常广泛。这里所说的模拟指的是数字模拟或计算机模拟，即利用计算机模拟程序，进行仿造真实系统运动行为实验，通过有计划地改变模拟模型的参数或结构，便可选择较好的系统结构和性能，从而确定真实系统的最优运行策略。面向可持续发展的水资源开发与管理系统的优化，由于考虑人口、资源、环境与经济的协调发展，因素多，涉及面广，往往难以应用数学规划方法求解（受数学模型限制），而模拟技术无论数学模型如何复杂，通常都可以对模型进行模拟试验，从而得到一般意义上的优化结果。

## 第二节　水资源水量及水质管理

### 一、水资源水量管理

#### （一）水资源总量

水资源总量是地表水资源量和地下水资源量两者之和，这个总量应是扣除地表水与地下水重复量之后的地表水资源和地下水资源天然补给量的总和。由于地表水和地下水相互联系和相互转化，故在计算水资源总量时，需将地表水与地下水相互转化的重复水量扣除。水资源总量的计算公式为：

$$W=R+Q-D$$

式中，$W$ 为水资源总量；$R$ 为地表水资源量；$Q$ 为地下水资源量；$D$ 为地表水与地下水相互转化的重复水量。

水资源总量中可能被消耗利用的部分称为水资源可利用量，包括地表水资源可利用量和地下水资源可利用量，水资源可利用量是指在可预见的时期内，在统筹考虑生活、生产和生态环境用水的基础上，通过经济合理、技术可行的措施，在当地水资源中可一次性利用的最大水量。

#### （二）水资源供需平衡管理概述

水是基础性的自然资源和战略性的经济资源，是生态环境的控制性要素。水资源的可持续利用，是城市乃至国家经济社会可持续发展极为重要的保证，也是维护人类环境极为重要的保证。我国人均、亩均占有水资源量少，水资源时空分布极为不均匀。特别是西北干旱、半干旱区，水资源是制约当地社会经济发展和生态环境改善的主要因素。

1. 水资源供需平衡分析的意义

城市水资源供需平衡分析是指在一定范围内（行政、经济区域或流域）不同时期的可供水量和需水量的供求关系分析。其目的：一是通过可供水量和需水量的分析，弄清楚水资源总量的供需现状和存在的问题；二是通过不同时期、不同部门的供需平衡分析，预测未来水资源余缺的时空分布；三是针对水资源供需矛盾，进行开源节流的总体规划，明确水资源综合开发利用保护的主要目标和方向，以实现水资源的长期供求计划。

因此，水资源供需平衡分析是国家和地方政府制定社会经济发展计划和保护生态环境必须进行的行动，也是进行水源工程和节水工程建设，加强水资源、水质和水生态系统保护的重要依据。开展此项工作有助于使水资源的开发利用获得最大的经济、社会和环境效益，满足社会经济发展对水量和水质日益增长的要求，同时在维护资源的自然功能，以及维护和改善生态环境的前提下，实现社会经济的可持续发展，使水资源承载力、水环境承载力相协调。

2. 水资源供需平衡分析的原则

水资源供需平衡分析涉及社会、经济、生态等方面，牵涉面广且关系复杂。因此，水资源供需平衡分析必须遵循以下原则。

（1）长期与近期相结合原则

水资源供需平衡分析实质上就是对水的供给和需求进行平衡计算。水资源的供与需不仅受自然条件的影响，更重要的是受人类活动的影响。在社会不断发展的今天，人类活动对供需关系的影响已成为基本的因素，而这种影响又随着经济条件的不断改善而发生阶段性的变化。因此，在进行水资源供需平衡分析时，必须有中长期的规划，做到未雨绸缪，不能临渴掘井。

在对水资源供需平衡做具体分析时，根据长期与近期原则，可以分成几个分析阶段：①现状水资源供需分析，即对近几年来本地区水资源实际供水、需水的平衡情况，以及在现有水资源设施和各部门需水的水平下，对本地区水资源的供需平衡情况进行分析；②今后五年内水资源供需分析，它是在现状水资源供需分析的基础上结合国民经济五年规划对供水与需求的变化情况进行供需分析；③今后 10 年或 20 年内水资源供需分析，这项工作必须紧密结合本地区的长远规划来考虑，同样也是本地区国民经济远景规划的组成部分。

（2）宏观与微观相结合原则

宏观与微观相结合即大区域与小区域相结合，单一水源与多个水源相结合，单一用水部门与多个用水部门相结合。水资源具有区域分布不均匀的特点，在进行全省或全市（县）的水资源供需平衡分析时，往往以整个区域的平衡值来计算，这就造成了全局与局部矛盾。大区域水资源平衡了，各小区域可能有亏有盈。因此，在进行大区域的水资源供需平衡分析后，还必须进行小区域的供需平衡分析，只有这样才能反映各小区域的真实情况，从而提出切实可行的措施。

在进行水资源供需平衡分析时，除了对单一水源地（如水库、河闸和机井群）的供需平衡加以分析外，更应重视对多个水源地联合起来的供需平衡进行分析，这样可以最大限度地发挥各水源地的调解能力和提高供水保证率。

由于各用水部门对水资源的量与质的要求不同，对供水时间的要求也相差较大。因此在实践中许多水源是可以重复交叉使用的。例如，内河航运与养鱼、环境用水相结合，城市河湖用水、环境用水和工业冷却水相结合，等等。一个地区的水资源利用是否科学，重复用水量是一个很重要的指标。因此，在进行水资供需平衡分析时，除考虑单一用水部门的特殊需要外，本地区各用水部门应综合起来统一考虑，否则往往会造成很大的损失。这对一个地区的供水部门尚未确定安置地点的情况尤为重要。这项工作完成后可以提出哪些部门设在上游、哪些部门设在下游或哪些部门可以放在一起等合理的建议，为将来水资源合理调度创造条件。

（3）科技、经济、社会三位一体原则

对现状或未来水资源供需平衡的分析都涉及技术和经济方面的问题、行业间的矛盾，以及省市间的矛盾等社会问题。在解决实际的水资源供需不平衡的许多措施中，被采用的可能是技术上合理，而经济上并不一定合理的措施；也可能是矛盾最小，但技术与经济上都不合理的措施。因此，在进行水资源供需平衡分析时，应统一考虑以下因素，即社会矛盾最小、技术与经济都比较合理，并且综合起来最为合理（对某一因素而言并不一定是最合理的）。

（4）水循环系统综合考虑原则

水循环系统指的是人类利用天然的水资源时所形成的社会循环系统。人类开发利用水资源经历三个系统：供水系统、用水系统、排水系统。这三个系统彼此联系、相互制约。从水源地取水，经过城市供水系统净化，提升至用水系统；经过使用后，受到某种程度的污染流入城市排水系统；经过污水处理厂处理后，一部分退至下游，一部分达到再生水回用的标准重新返回供水系统，或回到用户再利用，从而形成水的社会循环。

## （三）水资源供需平衡分析的方法

水资源供需平衡分析必须根据一定的雨情、水情来进行，主要有两种分析方法：一种为系列法，一种为典型年法（或称代表年法）。系列法是按雨情、水情的历史系列资料进行逐年的供需平衡分析计算；而典型年法仅是根据具有代表性的几个不同年份的雨情、水情进行分析计算，而不必逐年计算。

这里必须强调，不管采用何种分析方法，所采用的基础数据（如水文系列资料、水文地质的有关参数等）的质量是至关重要的，其将直接影响供需分析成果的合理性和实用性。

1. 供水量的计算与预测

可供水量是指不同水平年、不同保证率或不同频率条件下通过工程设施可提供的符合一定标准的水量，包括区域内的地表水、地下水外流域的调水，污水处理回用和海水利用等。它有别于工程实际的供水量，也有别于工程最大的供水能力，不同水平年意味着计算可供水量时，要考虑现状近期和远景的几种发展水平的情况，是一种假设的来水条件。不同保证率或不同频率条件表示计算可供水量时，要考虑丰、平、枯几种不同的来水情况，保证率是指工程供水的保证程度（或破坏程度），可以通过系列调算法进行计算得到。频率一般表示来水的情况，在计算可供水量时，既表示要按来水系列选择代表年，也表示应用代表年法来计算可供水量。

可供水量的影响因素主要有以下几个：①来水条件。由于水文现象的随机性，将来的来水是不能预知的，因而将来的可供水量是随不同水平年的来水变化及其年内的时空变化而变化的。②用水条件。由于可供水量有别于天然水资源量，例如只有农业用户的河流引水工程，虽然可以长年引水，但非农业用水季节所引水量则没有用户，不能算为可供水量；又如河道的冲淤用水、河道的生态用水，都会直接影响河道外直接供水的可供水量；河道上游的用水要求也直接影响下游的可供水量。因此，可供水量是随用水特性、合理用水和节约用水等条件的不同而变化的。③工程条件。工程条件决定供水系统的供水能力。现有工程参数的变化，不同的调度运行条件以及不同发展时期新增的工程设施，都将决定不同的供水能力。④水质条件。可供水量是指符合一定使用标准的水量，不同用户有不同的标准。在供需分析中计算可供水量时要考虑到水质条件。例如从多沙河流引水，高含沙量河水就不宜引用；高矿化度地下水不宜开采用于灌溉；对于城市的被污染水、废污水在未经处理和论证时也不能算作可供水量。

总之，可供水量不同于天然水资源量，也不等于可利用水资源量。一般情况下，可供水量小于天然水资源量，也小于可利用水资源量。对于可供水量，要分类、分工程、分区逐项、逐时段计算，最后还要汇总成全区域的总供水量。

另外，需要说明的是，供水保证率是指在多年供水的过程中，供水得到保证的时间（年）占总时间（年）的比例，常用下式计算：

$$P=m/(n+1)\times 100\%$$

式中，$P$ 为供水保证率；$M$ 为保证正常供水的时间（年）；$N$ 为供水总时间（年）。

在供水规划中，按照供水对象的不同，应规定不同的供水保证率。例如居民生活供水保证率 $P\geqslant 95\%$，工业用水 $P=90\%$ 或 $95\%$，农业用水 $P=50\%$ 或 $75\%$。保证正常供水是指通常按用户性质，能满足其需水量的 90% ~ 98%（即满足程度），视作正常供水。对供水总时间（年），通常指统计分析中的样本总数，如所取降雨系列的总时间（年）或系列法供需分析的总时间（年）。根据上述供水保证率的概念，可以得出两种确定供水保证率的方法。

第一种，上述的在今后多年供水过程中有保证时间（年）占总供水时间（年）的比例。今后多年是一个计算系列，在这个系列中，不管哪一个年份，只要有保证的时间（年）足够，就可以达到所需的保证率。

第二种，规定某一个年份（例如2000年这个水平年），这一年的来水可以是各种各样的。现在把某系列各年的来水都放到2000年这一水平年去进行供需分析，计算其供水有保证的年数占系列总时间（年）的比例，即为2000年这一水平年的供水遇到所用系列的来水时的供水保证率。

2. 需水量的计算与预测

（1）需水量概述

需水量可分为河道内用水和河道外用水两大类。河道内用水包括水力发电、航运、放牧、冲淤、环境、旅游等，主要利用河水的势能和生态功能，基本上不消耗水量或污染水质，属于非耗损性清洁用水。河道外用水包括生活需水量、工业需水量、农业需水量、生态环境需水量等四种。

生活需水量是指为满足居民高质量生活所需要的用水量。生活需水量分为城市生活需水量和农村生活需水量，城市生活需水量是供给城市居民生活的用水量，包括居民家庭生活用水和市政公共用水两部分。居民家庭生活用水是指维持日常生活的家庭和个人需水，主要指饮用和洗涤等室内用水；市政公共用水包括饭店、学校、医院、商店、浴池、洗车场、公路冲洗、消防、公用厕所、污水处理厂等用水。农村生活需水量可分为农村家庭需水量、家养禽畜需水量等。

工业需水量是指在一定的工业生产水平下，为实现一定的工业生产品量所需要的用水量。工业需水量分为城市工业需水量和农村工业需水量。城市工业需水量是供给城市工业企业的工业生产用水，一般是指在工业企业生产过程中，用于制造、加工、冷却、净化、洗涤和其他方面的用水，也包括工业企业内工作人员的生活用水。

农业需水量是指在一定的灌溉技术条件下供给农业灌溉、保证农业生产产量所需要的用水量，主要取决于农作物品种、耕作与灌溉方法。农业需水量分为种植业需水量、畜牧业需水量、林果业需水量和渔业需水量。

生态环境需水量是指为达到某种生态水平，并维持这种生态系统平衡所需要的用水量。

生态环境需水量由生态需水量和环境需水量两部分构成。生态需水量是为了达到某种生态水平或者维持某种生态系统平衡所需要的水量，包括维持天然植被所需水量、水土保持及水保范围外的林草植被建设所需水量以及保护水生物所需水量；环境需水量是为保护和改善人类居住环境及其水环境所需要的水量，包括改善用水水质所需水量、协调生态环境所需水量、回补地下水量、美化环境所需水量及休闲旅游所需水量。

（2）用水定额

用水定额是用水核算单元规定或核定的使用新鲜水的水量限额，即单位时间内，单位产品、单位面积或人均生活所需要的用水量。用水定额一般可分为生活用水定额、工业用水定额和农业用水定额三部分。核算单元，对于城市生活用水可以是人、床位、面积等，对于城市工业用水可以是某种单位产品、单位产值等，对于农业用水可以是灌溉面积、单位产量等。

用水定额随社会、科技进步和国民经济发展而变化，经济发展水平、地域、城市规模、工业结构、水资源重复利用率、供水条件、水价、生活水平、给排水及卫生设施条件、生活方式等，都是影响用水定额的主要因素。如生活用水定额随社会的发展、民众文化水平的提高而逐渐提高。通常住房条件较好、给水设备较完善、居民生活水平相对较高的大城市，生活用水定额也较高。而工业用水定额和农业用水定额因科技进步而逐渐降低。

用水定额是计算与预测需水量的基础，需水量计算与预测的结果正确与否，与用水定额的选择有极大的关系，应根据节水水平和社会经济的发展，通过综合分析和比较，确定适应地区水资源状况和社会经济特点的合理用水定额。

城市生活需水量取决于城市人口、生活用水定额和城市给水普及率等因素。

我国城市生活用水定额主要包括人均综合用水定额和居民生活用水定额，可按照相关标准及设计规范所规定的指标值选取。第一，居民生活用水定额。确定城市居民生活用水定额时应充分考虑各影响因素，可根据所在分区按《城市居民生活用水量标准》（GB/T50331—2002）中规定的指标值选取。当居民实际生活用水量与表中规定有较大出入时，可按当地生活用水量统计资料适当增减，做适当的调整，使其符合当时当地的实际情况。第二，人均综合用水定额。城市综合用水指标是指从加强城市水资源宏观控制，合理确定城市用水需求的目的出发，为城市水资源总量控制管理以及城市相关规划服务，反映城市总体用水水平的特定用水指标。城市综合用水指标包括人均综合用水指标、地均综合用水指标、经济综合用水指标三类。人均综合用水指标是指将城市用总量折算到城市人口特定指标上所反映的用水量水平。综合生活用水为城市居民日常生活用水和公共建筑用水之和，不包括浇洒道路、绿地市政用水和管网漏失水量。城市综合生活用水定额应根据当地国民经济和社会发展水平、水资源充沛程度、居民用水习惯，在现有用水定额的基础上，结合城市总体规划，本着节约用水的原则，综合分析确定。

农业用水定额主要包括农业灌溉用水定额和畜禽养殖业用水定额。农业灌溉用水定额指某一种作物在单位面积上的各次灌水定额总和，即在播种前以及全生育期内单位面积的总灌水量。其中，灌水时间和灌水次数根据作物的需水要求和土壤水分状况确定，以达到适时适量灌溉。对于作物灌溉用水定额，由于干旱年和丰水年的交替变换，同一地区的同一种作物的灌溉定额是不同的；不同地区和不同年份的同一种作物，也会因降水、蒸发等气候上的差异和不同性质的土壤使灌溉定额有很大的不同；因灌水技术的改变，如采用地面灌溉、喷灌、滴灌、地下灌溉等不同技术，灌溉定额也会随之而改变。进行农业需水量计算与预测分析时，要综合考虑地理位置、地形、土壤、气候条件、水资源特征及管理等因素，结合水资源综合利用、农业发展及节水灌溉发展等规划，根据研究区域所属的不同省份、省内不同分区或不同作物类型及灌溉方式，按照各省现行或在编的灌溉定额标准选取适宜的农业灌溉用水定额。

（3）城市生活需水量预测

随着经济与城市化进程发展，我国用水人口相应增加，城市居民生活水平不断提高，公共市政设施范围不断扩大与完善，用水量不断增加。影响城市生活需水量的因素很多，如城市规模、人口数量、所处地域、住房面积、生活水平、卫生条件、市政公共设施、水资源条件等，其中最主要的影响因素是人口数量和人均用水定额。城市生活需水量常用人均生活用水定额法推算，其计算公式为：

$$W_{生活}=365qm/1\ 000$$

式中，$W_{生活}$为城市生活需水量，单位为 $m^3/a$；$q$ 为人均生活用水定额，单位为 L/（人·d）；$m$ 为用水人数，单位为人。

（4）城市工业需水量计算与预测

城市工业需水量可按产品数量和生产单位产品用水量计算：

$$W_{工业}=M_i q_i$$

式中，$W_{工业}$为城市工业需水量，单位为 $m^3/a$；$M_i$ 为第 $i$ 种工业产品数量，单位为（t，件）/a；$q_i$ 为第 $i$ 种产品的单位需水量，单位为 $m^3/$（t，件）。

也可按万元产值需水量确定，即用现状年万元产值或预测水平年万元产值乘以工业万元产值需水量定额：

$$W_{工业}=Pq$$

式中，$q$ 为万元产值的单位需水量，单位为 $m^3/$ 万元；$P$ 为工业总产值，单位为万元 /a。

此方法是通过调查工业万元产值取水量的现状和历史变化趋势，推测目前或将来为实现某一工业产值目标所需的工业用水量。

由于不同行业或同一行业的不同产品、不同生产工艺之间的万元产值取水量相差很大，因此确定万元产值需水量指标非常困难。

（5）农业需水量计算与预测

农业用水主要包括农业灌溉、林牧灌溉、渔业用水及农村居民生活用水，农村工业企业用水等。与城市工业和生活用水相比，具有面广量大、一次性消耗的特点，而且受气候的影响较大，同时也受作物的组成和生长期的影响。农业灌溉用水是农业用水的主要部分，占 90% 以上，所以农业需水量可主要计算农业灌溉需水量。农业灌溉用水的保证率要低于城市工业用水和生活用水的保证率。因此，当水资源短缺时，一般要减少农业用水以保证城市工业用水和生活用水的需要。区域水资源供需平衡分析研究所关心的是区域的农业用水现状和对未来不同水平年、不同保证率需水量的预测，因为它的大小和时空分布会影响区域水资源的供需平衡。

农业灌溉需水量按农田面积和单位面积农田的灌溉用水量计算与预测：

$$W_{灌溉}=M_iQ_i$$

式中，$W_{灌溉}$为农业灌溉需水量，单位为 $m^3$；$M_i$ 为第 $i$ 种农田的总面积，单位为 $m^2$；$Q_i$ 为第 $i$ 种农田的灌溉用水定额，单位为 $m^3/m^2$。

其他农业需水量也可按类似的用水定额与用水量进行计算或估算。

（6）生态环境需水量计算

生态环境需水量的计算方法分为水文学和生态学两类方法。水文学方法主要关注最小流量的保持，生态学方法主要基于生态管理的目标。这里以河道为例，介绍生态环境需水量的计算方法。

河道环境需水量是为保护和改善河流水体水质，维持河流水沙平衡、水盐平衡及维持河口地区生态环境平衡所需要的水量。河道最小环境需水量是为维系和保护河流的最基本环境功能不受破坏，所必须在河道内保留的最小水量，理论上由河流的基流量组成。

国内外对河流生态环境需水量的计算主要有标准流量法、水力学法、栖息地法等，其中标准流量法包括 7Q10 法和蒙大拿法（Tennant 法）。7Q10 法采用 90% 保证率、连续 7 天最枯的平均水量作为河流的最小流量设计值；Tennant 法以预先确定的年平均流量的百分数为基础，通常作为在优先度不高的河段研究时使用。我国一般采用的方法有 10 年最枯月平均流量法，即采用近 10 年最枯月平均流量或 90% 保证率河流最枯月平均流量作为河流的生态环境需水量。

3. 水资源供需平衡分析

（1）典型年法的含义

典型年（又称代表年）法，是指对某一范围的水资源供需关系，只进行典型年份平衡分析计算的方法。其优点是可以克服资料不全（系列资料难以取得时）及计算工作量太大的问题。首先，根据需要选择不同频率的若干典型年。我国相关规范规定，平水年频率 $P$=50%，一般枯水年频率 $P$=75%，特别枯水年频率 $P$=90%（或 95%）。在进行区域水资源供需平衡分析时，北方干旱和半干旱地区一般要对 $P$=50% 和 $P$=75% 两种代表年的水供需进行分析；而在南方湿润地区，一般要对 $P$=50%、$P$=75% 和 $P$=90%（或 95%）三种代表年的水供需进行分析。实际上，选哪几种代表年要根据水供需的目的确定，可不必拘泥于上述的情况。如北方干旱缺水地区，若想通过水供需分析来寻求特枯年份的水供需对策措施则必须对 $P$=90%（或 95%）代表年进行水供需分析。

（2）计算分区和时段划分

水资源供需分析，就某一区域来说，其可供水量和需水量在地区上和时间上分布都是不均匀的。如果不考虑这些差别，在大尺的时间和空间内进行平均计算，供需矛盾往往不能充分暴露，那么其计算结果就不能反映实际的状况，这样的供需分析不能起到指导作用；所以，必须进行分区和确定计算时段。

①区域划分。分区进行水资源供需分析研究，便于弄清水资源供需平衡要素在各地区之间的差异，以便针对不同地区的特点采取不同的措施和对策。另外，将大区域划分成若干小区域后，可以使计算分析得到相应的简化，便于研究工作的开展。

在分区时一般应考虑以下原则：第一，尽量按流域、水系划分，对地下水开采区应尽量按同一水文地质单元划分；第二，尽量照顾行政区划的完整性，便于料的收集和统计，更有利于水资源的开发利用和保护的决策和管理；第三，尽量不打乱供水、用水、排水系统。

分区应逐级划分，即把要研究的区域划分成若干一级区，每一个一级区又划分为若干二级区。依此类推，最后一级区称为计算单元。分区面积的大小应根据需要和实际情况而定。分区过大，往往会掩盖水资源在地区分布的差异性，无法反映供需的真实情况。而分区过小，不仅会增加计算工作量，而且同样会使供需平衡分析结果反映不了客观情况。因此，在实际的工作中，在供需矛盾比较突出的地方，或工农业发达的地方，分区宜小。对于不同的地貌单元（如山区和平原）或不同类型的行政单元（如城镇和农村），宜划为不同的计算区。对于重要的水利枢纽所控制的范围，应专门划出进行研究。

②时段划分。时段划分也是供需平衡分析中一项基本的工作，目前分别采用年、季、月和日等不同的时段。从原则上讲，时段划分得越小越好，但实践表明，时段的划分也受各种因素的影响，究竟按哪一种时段划分最好，应对各种不同情况加以综合考虑。

由于城市水资源供需矛盾普遍尖锐，管理运行部门为了最大限度地满足各地区的需水要求，将供水不足所造成的损失压缩到最低程度，需要紧密结合需水部门的生产情况，实行科学供水。同时，也需要供水部门实行准确计量，合理收费。因此，供水部门和需水部门都要求把计算时段分得小一些，一般以旬、日为单位进行供需平衡分析。

在做水资源规划时，应注意方案的多样性，而不宜对某一具体方案做得过细，所以在这个阶段，计算时段一般不宜太小，以“年”为单位即可。

对于无水库调节的地表水供水系统，特别是北方干旱、半干旱地区，由于来水年内变化很大，枯水季节水量比较稳定，在选取段时，枯水季节可以选得长些，而丰水季节应短些。如果分析的对象是全市或与本市有的外围区域，由于其范围大、情况复杂，分析时段一般以年为单位，若取小了，不仅会加大工作量，而且会因资料差别较大而无法提高精度。如果分析对象是一个卫星城镇或一个供水系统，范围不大，则应尽量将时段选得小些。

（3）典型年和水平年的确定

①典型年来水量的选择及分布。典型年的来水需要用统计方法推求，首先根据备分区的具体情况来选择控制站，以控制站的实际来水系列进行频率计算，选择符合某一设计频率的实际典型年份，然后求出该典型年的来水总量。可以选择年天然径流系列或年降雨量系列进行频率分析计算。如北方干旱、半干旱地区，降雨较少，供水主要靠径流调节，则常用年径流系列来选择典型年。南方湿润地区，降雨较多，缺水既与降雨有关，又与用水季节径流调节分配有关，故可以有多种系列选择。例如在西北内陆地区，农业灌溉取决于径流调节，故多采用年径流系列来选择代表年，而在南方地区农作物一年三熟，全年灌溉，降雨量对灌溉用水影响很大，故常用年降雨量系列来选择典型年。至于降雨的年内分配，一般是挑选年降雨量接近典型年的实际资料进行缩放分配。

典型年来水量的分布常采用的一种方法是按实际典型年的来水量进行分配，但地区内降雨、径流的时空分配受所选择典型年的支配，具有一定的偶然性，为了克服这种偶然性，通常选用频率相近的若干实际年份进行分析计算，并从中选出对供需平衡偏于不利的情况进行分配。

②水平年。水资源供需分析是要弄清研究区域现状和未来几个阶段的水资源供需状况，这几个阶段的水资源供需状况与区域的国民经济和社会发展有密切关系，并应与该区域的可持续发展的总目标相协调。一般情况下需要研究分析四个发展阶段的供需情况，即所谓的四个水平年的情况，分别为现状水平年（又称基准年，系指现状情况以该年为标准）、近期水平年（基准年以后 5 年或 10 年）、远景水平年（基准年以后 15 年或 20 年）、远景设想水平年（基准年以后 30 ~ 50 年）。

一个地区的水资源供需平衡分析究竟取几个水平年，应根据有关规定或当地具体条件以及供需分析的目的而定，一般可取前三个水平年，即现状、近期、远景三个水平年进行分析。对于重要的区域多有远景水平年，而资料条件差的一般地区，也有只取两个水平年的。当资料条件允许而又需要时，也应进行远景设想水平年的供需分析工作，如长江、黄河等七大流域为配合国家中长期的社会经济可持续发展规划，原则上四种阶段都要进行供需分析。

（4）动态模拟分析法

一个区域的水资源供需系统可以看成由水、用水、蓄水和输水等子系统组成的大系统。供水水源有不同的来水、储水系统，如地面水库、地下水库等，有本区产水和区外来水或调水，而且彼此互相联系、互相影响。用水系统由生活、工业、农业、环境等用水部门组成，输、配水系统既相对独立于以上的子系统，又起到相互联系的作用。

水资源系统可视为由既相互区别又相互制约的各个子系统组成的有机联系的整体，它既要考虑城市的用水，又要考虑工农业和航运、发电、防洪除涝和改善水环境等方面的用水。

水资源系统是一个多用途、多目标的系统，涉及社会、经济和生态环境等多项的效益，因此，仅用传统的方法来进行供需分析和管理规划是满足不了要求的，应该用系统分析的方法，通过多层次和整体的模拟模型和规划模型以及水资源决策支持系统，进行各子系统和全区水资源多方案调度，以寻求解决一个区域水资源供需的最佳方案和对策，下面介绍一种水资源供需平衡分析动态模拟的方法。

水资源系统供需平衡的动态模拟分析方法的主要内容包括以下几方面：第一，基本资料的调查收集和分析基本资料是模拟分析的基础，决定成果的好坏，故要求基本资料准确、完整和系列化。基本资料包括来水系列、区域内的水资源量和质、各部门用水（如城市生活用水、工业用水、农业用水等）、水资源工程资料、有关基本参数资料（如地下含水层水文地质资料、渠系渗漏水库蒸发等）以及相关的国民经济指标的资料等。第二，水资源系统管理调度包括水量管理调度（如地表水库群的水调度、地表水和地下水的联合调度、水资源的分配等）、水量水质的控制调度等。第三，水资源系统的管理规划通过建立水资源系统模拟来分析现状和不同水平年的各个用水部门（城市生活、工业和农业等）的供需情况（供水保证率和可能出现的缺水状况）；解决各种工程和非工程的水资源供需矛盾的措施，并进行定量分析；对工程经济、社会和环境效益的分析和评价等。

与典型年法相比，水资源供需平衡动态模拟分析方法有以下特点：第一，该方法不是对某一个别的典型年进行分析，而是在较长的时间系列里对一个地区水资源供需的动态变化进行逐个时段模拟和预测，因此可以综合考虑水资源系统中各因素随时间变化及随机性而引起的供需的动态变化。例如，当最小计算时段选择为天，则既能反映水均衡在年际的变化，又能反映水均衡在年内的动态变化。第二，该方法不仅可以对整个区域的水资源进行动态模拟分析，而且由于采用不同子区和不同水源（地表水与地下水、本地水资源和外域水资源等）之间的联合调度，能考虑它们之间的相互联系和转化，因此该方法能够反映水在时间上的动态变化，也能够反映地域空间水供需的不平衡性。第三，该方法采用系统分析方法中的模拟方法，仿真性好，能直观形象地模拟复杂的水资源供需关系和管理运行方面的功能，可以按不同调度及优化的方案进行多方案模拟，并可以对不同方案供水的社会经济和环境效益进行评价分析，便于了解不同时间、不同地区的供需状况以及采取对策所产生的效果，使得水资源在整个系统中得到合理利用，这是典型年法不可比的。第四，模拟模型的建立、检验和运行。由于水资源系统比较复杂，涉及的方面很多，诸如水量和水质、地表水和地下水的联合调度、地表水库的联合调度、本地区和外区水资源的合理调度、各个用水部门的合理配水、污水处理及其再利用等。因此，在这样庞大而又复杂的系统中有许多非线性关系和约束条件在最优化模型中无法解决，而模拟模型具有很好的仿真性能，这些问题在模型中就能得到较好的模拟。但模拟并不能直接解决规划中的最优解问题，而是要给出必要的信息或非劣解集。可能的水供需平衡方案很多，需要决策者来选定。为了使模拟给出的结果接近最优解，往往在模拟中规划好运行方案，或整体采用模拟模型，而局部采用优化模型。也常常将这两种方法结合起来，如区域水资源供需分析中的地面水库调度采用最优化模型，使地表水得到充分利用，然后对地表水和地下水采用模拟模型联合调度，来实现水资源的合理利用。

水资源系统的模拟与分析，一般需要经过模型建立、调节参数检验、运行方案的设计等几个步骤。

①模型的建立。建立模型是水资源系统模拟的前提。建立模型就是要把实际问题概化成一个物理模型，按照一定的规则建立数学方程来描述有关变量间的定量关系。这一步骤包括有关变量的选择，以及确定有关变量间的数学关系。模型只是真实事件的一个近似的表达，并不是完全真实，因此，模型应尽可能简单，所选择的变量应最能反映其特征。以一个简单的水库调度为例，其有关变量包括水库蓄水量、工业用水量、农业用水量、水库的损失量（蒸发量和水库渗漏量）以及入库水量等，用水量平衡原理来建立各变量间的数学关系，并按一定的规则来实现水库的水调度运行，具体的数学表达式为：

$$W_t=W_{t-1}+WQ_t-WI_t-WA_t-WEQ_t$$

式中，$W_t$、$W_{t-1}$ 为时段末、初的水库蓄水量，单位为 $m^3$；$WI_t$、$WA_t$ 为时段内水库供给工业、农业的水量，单位为 $m^3$；$WEQ_t$ 为时段内水库的蒸发、渗漏损失，单位为 $m^3$；$WQ_t$ 为时段内水库水量，单位为 $m^3$。

当然要运行这个水库调度模型，还要有水库库容水位关系曲线、水库的工程参数和运行规则等，且要把它放到整个水资源系统中去运行。

②模型的调参和检验。模拟就是利用计算机技术来实现或预演某一系统的运行情况。水资源供需平衡分析的动态模拟就是在制定各种运行方案下，重现现阶段的水资源供需状况，并预演今后一段时期的水资源供需状况。但是，按设计方案正式运行模型之前，必须对模型中有关的参数进行确定以及对模型进行检验，来判定该模型的可行性和正确性。

一个数学模型通常含有称为参数的数学常数，如水文和水文地质参数等，其中有的是通过实测或试验求得的，有的则是参考外地凭经验选取的，有的则是什么资料都没有。往往采用反求参数的方法取得，而这些参数必须用有关的历史数据来确定，这就是所谓的调参计算或称为参数估值，就是对模型实行正运算，先假定参数，算出的结果和实测结果比较，与实测资料吻合就说明所用（或假设的）参数正确。如果一次参数估值不理想，则可以对有关的参数进行调整，直至达到满意为止。若参数估值一直不理想，则必须考虑对模型进行修改，所以参数估值是模型建立的重要一环。

所建的模型是否正确和符合实际,要过检验。检验的一般方法是输入与求参不同的另外一套历史数据，运行模型并输出结果，看其与系统实际记录是否吻合，若能吻合或吻合较好，反映检验的结果具有良好的一致性，说明所建模型具有可行性和正确性，模型的运行结果是可靠的。若和实际资料吻合不好，则要对模型进行修正。

模型与实际吻合好坏的标准，要做具体分析。计算值和实测值在数量上不需要也不可能要求吻合得十分精确。所选择的比较项应既能反映系统特性又有完整的记录，例如有地下水开采地区，可选择实测的地下水位进行比较，比较时不要拘泥于个别观测井个别时段的值，根据实际情况，可选择各分区的平均值进行比较；对高离散型的有关值（如地下水有限元计算结果）可给出地下水位等值线图进行比较。又如，对整个区域而言，可利用地面径流水文站的实测水量和流量的数据，进行水量平衡校核。该法在水资源系统分析中用得最多，它可进行各个方面的水量平衡校核，这里不再一一叙述。

在模型检验中，当计算结果和实际不符时，就要对模型进行修正。若发现模型对输入没有响应，比如地下水模型在不同开采的输入条件下，所计算的地下水位没什么变化，则说明模型不能反映系统的特性，应从模型的结构是否正确、边界条件处理是否得当等方面去分析并加以修正，有时则要重新建模。如果模型对输入有所响应，但是计算值偏离实测值太大，这时也可以从输入量和实际值方面进行检查和分析，总之，检验模型和修正模型是很重要也是很细致的工作。

③模型运行方案的设计。在模拟分析方法中，决策者希望模拟结果能尽量接近最优解，同时，还希望能得到不同方案的有关信息，如高、低指标方案，不同开源节流方案的计算结果等。因此就要进行不同运行方案的设计。在进行不同的方案设计时，应考虑以下几个方面的问题：首先，模型中所采用的水文系列，既可用一次历史系列，也可用历史资料循环系列。其次，开源工程的不同方案和开发次序。例如，是扩大地下水源还是地面水源、是开发本区水资源还是区外水资源、不同阶段水源工程的规模等，都要根据专题研究报告进行运行方案设计。再次，不同用水部门的配水或不同小区的配水方案的选择。最后，不同节流方案、不同经济发展速度和水指标的选择。在方案设计中要根据需要和可能主观和客观等条件，排除一些明

显不合理的方案，选择一些合理可行的方案进行运行计算。

④水资源系统的动态模拟分析成果的综合。水资源供需平衡动态模拟的计算结果应该加以分析整理，即称作成果综合。该方法能得出比典型年法更多的信息，其成果综合的内容虽有相似的地方，但要体现系列法和动态法的特点。

现状年的供需分析和典型年法一样，都是用实际供水资料和用水资料进行平衡计算的可用列表表示。由于模拟输出的信息较多，对现状供需状况可进行较详细的分析。

动态模拟分析计算的结果所对应的时间长度和采用的水文系列长度是一致的。对于宏观决策者来说不一定需要逐年的详细资料，而制订发展计划则需要较为详尽的资料。所以在实际工程中，应根据模拟计算结果，把水资源供需平衡整理成能满足不同需要的成果结合现状分析，按现有的供水设施和本地水源，并借助数学模型及计算机高速计算技术，对研究区域进行一次今后不同时的供需模拟计算，通常叫第一次供需平衡分析。

通过这次供需平衡分析，可以发现研究区域地面水和地下水的相互联系和转化，区域内不同用水部门用水及各地区用水之间的合理调度，以及由于各种制约条件发生变化而引起的水资源供需的动态变化，并可以预测水资源供需矛盾的发展趋势，揭示供需矛盾在地域上的不平衡性等。然后制定不同方案，进行第二次供需平衡分析，对研究区水资源动态变化做出更科学的预测和分析。对不同的方案，一般都要分析如下几个方面的内容：若干阶段（水平年）的可供水量和需水量的平衡情况；一个系列逐年的水资源供需平衡情况；开源、节流措施的方案规划和数量分析；各部门的用水保证率及其他评价指标等。

总之，水资源动态模拟模型可作为水资源动态预测的一种基本工具，根据实际情况的变更、资料的积累及在研究工作深入的基础上不断完善，可进行重复演算，长期为研究区域水资源规划和管理服务。

## 二、水资源水质管理

水体的水质标志着水体的物理（如色度、浊度、臭味等）、化学（无机物和有机物的含量）和生物（细菌、微生物、浮游生物、底栖生物）的特性及其组成状况。在水文循环过程中，天然水水质会发生一系列复杂的变化，自然界中完全纯净的水是不存在的，水体的水质一方面取决于水体的天然水质，而更加重要的是随着人口和工农业的发展而导致的人为水质水体污染。因此，要对水资源的水质进行管理，通过调查水资源的污染源、实行水质监测、进行水质调查和评价、制定有关法规和标准、制定水质规划等。水资源水质管理的目标是注意维持地表水和地下水的水质符合国家规定的不同要求标准，特别是保证饮用水源地不受污染，以及风景游览区和生活区水体不致发生富营养化和变臭。

水资源用途广泛，不同用途对水资源的水质要求也不一致，为适用于各种供水目的，我国制定颁布了许多水质标准和行业标准，如《地表水环境质量标准》（GB 3838—2002）、《地下水质量标准》（GB/T 14848—2017）、《生活饮用水卫生标准》（GB 5749—2006）、《农田灌溉水质标准》（GB 5084—2021）、《污水综合排放标准》（GB 8978—1996）等，下面对部分质量标准进行介绍。

### （一）《地表水环境质量标准》

为贯彻执行《中华人民共和国环境保护法》和《中华人民共和国水污染防治法》，防治水污染，保护地表水水质，保障人体健康，维护良好的生态系统，我国制定了《地表水环境质量标准》（GB 3838—2002）。本标准运用于中华人民共和国领域内江河、湖泊、运河、渠道、水库等具有使用功能的地表水水域，具有特定功能的水域，执行相应的专业水质标准。

依据地表水水域环境功能和保护目标，按功能高低依次划分为五类。

Ⅰ类：主要适用于源头水、国家自然保护区。

Ⅱ类：主要适用于集中式生活饮用水水源地一级保护区、珍稀水生生物栖息地、鱼虾类产卵场、仔稚幼鱼的索饵汤等。

Ⅲ类：主要适用于集中式生活饮用水水源地二级保护区、鱼虾类越冬场、洄游通道、水产养殖区等渔业水域及游泳区。

Ⅳ类：主要适用于一般工业用水区及人体非直接接触的娱乐用水区。

Ⅴ类：主要适用于农业用水区及一般景观要求水域。

正确认识我国水资源质量现状，加强对水环境的保护和治理是我国水资源管理工作的一项重要内容。

### （二）《地下水质量标准》

《地下水质量标准》（GB/T 14848—2017）是地下水勘查评价、开发利用和监督管理的依据。本标准适用于一般地下水，不适用于地下热水、矿水、盐卤水。

依据我国地下水质量状况和人体健康风险，参照生活饮用水、工业、农业等用水质量要求，依据各组分含量高低（pH 值除外），地下水质量标准分为五类。

Ⅰ类：地下水化学组分含量低，适用于各种用途。

Ⅱ类：地下水化学组分含量较低，适用于各种用途。

Ⅲ类：地下水化学组分含量中等，以 GB 5749—2006 为依据，主要适用于集中式生活饮用水水源及工农业用水。

Ⅳ类：地下水化学组分含量较高，以农业和工业用水质量要求以及一定水平的人体健康风险为依据，适用于农业和部分工业用水，适当处理后可作生活饮用水。

V类：地下水化学组分含量高，不宜作为生活饮用水水源，其他用水可根据使用目的选用。

据有关部门统计，我国地下水环境并不乐观，地下水污染问题日趋严重，我国北方丘陵山区及山前平原地区的地下水水质较好，中部平原地区的地下水水质较差，滨海地区的地下水水质最差，南方大部分地区的地下水水质较好，可直接作为饮用水饮用。

### 三、水资源水量与水质统一管理

联合国教科文组织和世界气象组织共同制定的《水资源评价活动——国家评价手册》将水资源定义为，可以利用或有可能被利用的水源，具有足够的数量和可用的质量，并能在某一地点为满足某种用途而可被利用。从水资源的定义看，水资源包含水量和水质两个方面的含义，是“水量”和“水质”的有机结合，互为依存，缺一不可。

造成水资源短缺的因素有很多，其中两个主要因素是资源性缺水和水质性缺水，资源性缺水是指当地水资源总量少，不能适应经济发展的需要，形成供水紧张；水质性缺水是大量排放的废污水造成淡水资源受污染而短缺的现象。很多时候，水资源短缺并不是由于资源性缺水造成的，而是由于水污染，使水资源的水质达不到用水要求。

水体本身具有自净能力，只要进入水体的污染物的量不超过水体自净能力的范围，便不会对水体造成明显的影响，而水体的自净能力与水体的水量具有密切的关系，同等条件下，水体的水量越大，允许容纳的污染物的量就越多。

地球上的水体受太阳能的作用，不断地进行相互转换和周期性的循环过程。在水循环过程中，水不断地与其周围的介质发生复杂的物理和化学作用，从而形成自己的物理性质和化学成分，自然界中完全纯净的水是不存在的。

因此，在进行水资源水量和水质管理时，需将水资源水量与水质进行统一管理，只考虑水资源水量或者水质，都是不可取的。

## 第三节　水价管理

水资源管理措施可分为制度性和市场性两种手段，对于水资源的保护，制度性手段可限制不必要的用水，市场性手段是用价格刺激自愿保护，市场性管理就是应用价格的杠杆作用，调节水资源的供需关系，达到水资源管理的目的。一个完善合理的水价体系是我国现代水权制度和水资源管理体制建设的必要保障。价格是价值的货币表现，研究水资源价格需要首先研究水资源价值。

## 一、水资源价值

### （一）水资源价值论

水资源有无价值，国内外学术界有不同的解释。研究水资源是否具有价值的理论学说有劳动价值论、效用价值论、生态价值论和哲学价值论等，下面简要介绍劳动价值论与效用价值论。

1. 劳动价值论

马克思在其政治经济学理论中，把价值定义为抽象劳动的凝结，即物化在商品中的抽象劳动。价值量的大小决定于商品所消耗的社会必要劳动时间的多少，即在社会平均的劳动熟练程度和劳动强度下，制造某种使用价值所需的劳动时间。运用马克思的劳动价值论来考察水资源的价值，关键在于水资源是否凝结人类的劳动。

对于水资源是否凝结人类的劳动，存在两种观点。一种观点认为，自然状态下的水资源是自然界赋予的天然产物，不是人类创造的劳动产品，没有凝结人类的劳动，因此，水资源不具有价值。另一种观点认为，随着时代的变迁，社会环境已经变化，在过去，水资源的可利用量相对比较充裕，不需要人们再付出具体劳动就会自我更新和恢复，因而在这一特定的历史条件下，水资源似乎是没有价值的。随着社会经济的高速发展，水资源短缺等问题日益严重，这表明水资源仅仅依靠自然界的自然再生产已不能满足日益增长的经济需求，我们必须付出一定的劳动参与水资源的再生产，因此，水资源是具有价值的，这又正好符合劳动价值论的观点。

上述两种观点都是从水资源是否物化人类的劳动为出发点展开论证的，但得出的结论截然相反，究其原因，主要是劳动价值论是否适用于现代的水资源。随着时代的变迁和社会的发展与进步，仅仅利用劳动价值论来解释水资源是否具有价值存在一定的片面性。

2. 效用价值论

效用价值论是从物品满足人的欲望的能力或人对物品效用的主观评价角度来解释价值及其形成过程的经济理论。物品的效用是物品能够满足人的欲望程度。价值则是人对物品满足人的欲望的主观估价。

效用价值论认为，一切生产活动都是创造效用的过程，然而人们获得效用却不一定非要通过生产来实现，效用不但可以通过大自然的赐予获得，而且人们的主观感觉也是效用的一个源泉。只要人们的某种欲望或需要得到了满足，人们就获得了某种效用。

边际效用论是效用价值论后期发展的产物，边际效用是指在不断增加某一消费品所取得一系列递减的效用中，最后一个单位所带来的效用。边际效用论主要包括四个观点：一是价值起源于效用，效用是形成价值的必要条件，又以物品的稀缺性为条件，效用和稀缺性是价值得以出现的充分条件；二是价值取决于边际效用量，即满足人的最后的即最小欲望的那一单位商品的效用；三是边际效用递减和边际效用均等规律，边际效用递减规律是指人们对某种物品的欲望程度随着享用的该物品数量的不断增加而递减，边际效用均等规律（也称边际效用均衡定律）是指不管几种欲望最初绝对量如何，最终使各种欲望满足的程度彼此相同，才能使人们从中获得的总效用达到最大；四是效用量是由供给和需求之间的状况决定的，其大小与需求强度成正比例关系，物品价值最终由效用性和稀缺性共同决定。

根据效用价值理论，凡是有效用的物品都具有价值，很容易得出水资源具有价值。因为水资源是生命之源、文明的摇篮、社会发展的重要支撑和构成生态环境的基本要素，对人类具有巨大的效用，此外，水资源短缺已成为全球性问题，水资源满足既短缺又有用的条件。

效用价值论也存在几个问题，如效用价值论与劳动价值论相对抗，将商品的价值混同于使用价值或物品的效用，效用价值论决定价值的尺度是效用等。

### （二）水资源价值的内涵

水资源价值可以利用劳动价值论、效用价值论、生态价值论和哲学价值论等进行研究和解释，但不管用哪种价值论来解释水资源价值，其内涵都主要表现在以下三个方面。

1. 稀缺性

稀缺性是资源价值的基础，也是市场形成的根本条件，只有稀缺的东西才会具有经济学意义上的价值，才会在市场上有价格。对水资源价值的认识，是随着人类社会的发展和水资源稀缺性的逐步提高（水资源供需关系的变化）而逐渐发展和形成的，水资源价值也存在从无到有、由低向高的演变过程。

资源价值首要体现的是其稀缺性，水资源具有时空分布不均匀的特点，水资源价值的大小也是其在不同地区、不同时段稀缺性的体现。

2. 资源产权

产权是与物品或劳务相关的一系列权利和一组权利。产权是经济运行的基础，商品和劳务买卖的核心是产权的转让，产权是交易的基本先决条件。资源配置、经济效率和外部性问题都和产权密切相关。

从资源配置角度看，产权主要包括所有权、使用权、收益权和转让权。要实现资源的最优配置，转让权是关键。要体现水资源的价值，一个很重要的方面就是其产权的体现。产权体现了所有者对其拥有的资源的一种权利，是规定使用权的一种法律手段。

《中华人民共和国宪法》第一章第九条明确规定,水流等自然资源属于国家所有,禁止任何组织或者个人用任何手段侵占或者破坏自然资源。《中华人民共和国水法》第一章第三条明确规定,水资源属于国家所有,水资源的所有权由国务院代表国家行使;国家鼓励单位和个人依法开发、利用水资源,并保护其合法权益,开发、利用水资源的单位和个人有依法保护水资源的义务。上述规定表明,国家对水资源拥有产权,任何单位和个人开发利用水资源,即水资源使用权的转让,都需要支付一定的费用,这是国家对水资源所有权的体现,这些费用也正是水资源开发利用过程中所有权及其所包含的其他一些权力(使用权等)的转让的体现。

#### 3. 劳动价值

水资源价值中的劳动价值主要是指水资源所有者为了在水资源开发利用和交易中处于有利地位,需要通过水文监测、水资源规划和水资源保护等手段,对其拥有的水资源的数量和质量进行调查和管理,这些投入的劳动和资金,必然使得水资源价值中拥有一部分劳动价值。

水资源价值中的劳动价值是区分天然水资源价值和已开发水资源价值的重要标志,若水资源价值中含有劳动价值,则称其为已开发的水资源,反之则称其为天然水资源。天然水资源同样有稀缺性和资源产权形成的价值。

水资源价值的内涵包括稀缺性、资源产权和劳动价值三个方面。对于不同水资源类型来讲,水资源的价值所包含的内容会有所差异,比如对水资源丰富程度不同的地区来说,水资源稀缺性体现的价值就会不同。

### (三)水资源价值定价方法

水资源价值的定价方法包括影子价格法、市场定价法、补偿价格法、机会成本法、供求定价法、级差收益法和生产价格法等,下面简要介绍影子价格法、市场定价法、补偿价格法、机会成本法。

#### 1. 影子价格法

影子价格法是通过自然资源对生产和劳务所带来收益的边际贡献来确定其影子价格,然后参照影子价格将其乘以某个价格系数来确定自然资源的实际价格。

#### 2. 市场定价法

市场定价法是用自然资源产品的市场价格减去自然资源产品的单位成本,从而得到自然资源的价值。市场定价法适用于市场发育完全的条件。

#### 3. 补偿价格法

补偿价格法是把人工投入增强自然资源再生、恢复和更新能力的耗费作为补偿费用来确定自然资源价值定价的方法。

4. 机会成本法

机会成本法是按自然资源使用过程中的社会效益及其关系，将失去的使用机会所创造的最大收益作为该资源被选用的机会成本。

## 二、水价

### （一）水价的概念与构成

水价是指水资源使用者使用单位水资源所付出的价格。

水价应该包括商品水的全部机会成本，水价的构成概括起来应该包括资源水价、工程水价和环境水价。

1. 资源水价

资源水价即水资源价值或水资源费，是水资源的稀缺性、产权在经济上的实现形式。资源水价包括对水资源耗费的补偿；对水生态（如取水或调水引起的水生态变化）影响的补偿；为加强对短缺水资源的保护，促进技术开发，还应包括促进节水、保护水资源和海水淡化技术进步的投入。

2. 工程水价

工程水价是指通过具体的或抽象的物化劳动把资源水变成产品水，进入市场成为商品水所花费的代价，包括工程费（勘测、设计和施工等）、服务费（包括运行、经营、管理维护和修理等）和资本费（利息和折旧等）。

3. 环境水价

环境水价是指经过使用的水体排出用户范围后污染了他人或公共的水环境，为污染治理和水环境保护所需要的代价。

资源水价作为取得水权的机会成本，受到需水结构和数量、供水结构和数量、用水效率和效益等因素的影响，在时间和空间上不断变化。工程水价和环境水价主要受取水工程和治污工程的成本影响，通常变化不大。

### （二）水价制定原则

制定科学合理的水价，对加强水资源管理、促进节约用水和保障水资源可持续利用等具有重要意义。制定水价时应遵循以下四个原则。

1. 公平性和平等性原则

水资源是人类生存和社会发展的物质基础，而且水资源具有公共性的特点，任何人都享有用水的权利，水价的制定必须保证所有人都能公平和平等地享受用水的权利，此外，水价的制定还要考虑行业、地区以及城乡之间的差别。

2. 高效配置原则

水资源是稀缺资源，水价的制定必须重视水资源的高效配置，以发挥水资源的最大效益。

3. 成本回收原则

成本回收原则是指水资源的供给价格不应小于水资源的成本价格。成本回收原则是保证水经营单位正常运行，促进水投资单位投资积极性的一项重要举措。

4. 可持续发展原则

水资源的可持续利用是人类社会可持续发展的基础，水价的制定必须有利于水资源的可持续利用，因此，合理的水价应包含水资源开发利用的外部成本（如排污费或污水处理费等）。

### （三）水价实施种类

水价实施种类有单一计量水价、固定收费、二部制水价、季节水价、基本生活水价、阶梯式水价、水质水价、用途分类水价、峰谷水价、地下水保护价和浮动水价等。

## 第四节　水资源管理信息系统

### 一、信息化与信息化技术

信息化是指培养、发展以计算机为主的智能化工具为代表的新生产力，并使之造福于社会的历史过程。

信息化技术是以计算机为核心，它是网络、通信、3S 技术、遥测、数据库、多媒体等技术的综合。

### 二、水资源管理信息化的必要性

水资源管理是一项涉及面广、信息量大、内容复杂的系统工程，水资源管理决策要科学、合理、及时和准确。水资源管理信息化的必要性包括以下几个方面。

第一，水资源管理是一项复杂的水事行为，需要收集、储存和处理大量的水资源系统信息，信息化技术在水资源管理中的应用，能够实现水资源信息系统管理的目标。

第二，远距离水信息的快速传输，以及水资源管理各个业务数据的共享也需要现代网络或无线传输技术。

第三，复杂的系统分析也离不开信息化技术的支撑，它需要对大量的信息进行及时和可靠的分析，特别是对于一些突发事件的实时处理，如洪水问题，需要现代信息技术做出及时的决策。

第四，对水资源管理进行实时的远程控制管理等也需要信息化技术的支撑。

## 三、水资源管理信息系统

### （一）水资源管理信息系统的概念

水资源管理信息系统是传统水资源管理方法与系统论、信息论、控制论和计算机技术的完美结合，它具有规范化、实时化和最优化管理的特点，是水资源管理水平的一次飞跃。

### （二）水资源管理信息系统的结构

为了实现水资源管理信息系统的主要工作，水资源管理信息系统一般由数据库、模型库和人机交互系统三部分组成。

### （三）水资源管理信息系统的建设

1. 建设目标

水资源管理信息系统建设的具体目标：实时、准确地完成各类信息的收集、处理和存储；建立和开发水资源管理系统所需的各类数据库；建立适用于可持续发展目标下的水资源管理模型库；建立自动分析模块和人机交互系统；具有水资源管理方案提取及分析功能；能够实现远距离的信息传输功能。

2. 建设原则

水资源管理信息系统是一项规模大、结构复杂、功能强、涉及面广、建设周期长的系统工程。为实现水资源管理信息系统的建设目标，水资源管理信息系统建设过程中应遵循以下原则。

第一，实用性原则。系统各项功能的设计和开发必须紧密结合实际，能够运用于生产过程中，最大程度地满足水资源管理部门的业务需求。

第二，先进性原则。系统在技术上要具有先进性（包括软硬件和网络环境等的先进性），确保系统具有较强的生命力、高效的数据处理与分析等能力。

第三，简洁性原则。系统使用对象并非全都是计算机专业人员，故系统表现形式要简单直观、操作简便、界面友好、窗口清晰。

第四，标准化原则。系统要强调结构化、模块化、标准化，特别是接口要标准统一，保证连接通畅，可以实现系统各模块之间、各系统之间的资源共享，保证系统的推广和应用。

第五，灵活性原则。系统各功能模块之间能灵活实现相互转换；系统能随时为使用者提供所需的信息和动态管理决策。

第六，开放性原则。系统采用开放式设计，保证系统信息不断补充和更新；具备与其他系统的数据和功能的兼容能力。

第七，经济性原则。在保持实用性和先进性的基础上，以最小的投入获得最大的产出，如尽量选择性价比高的软硬件配置，降低数据维护成本，缩短开发周期，降低开发成本。

第八，安全性原则。应当建立完善的系统安全防护机制，阻止非法用户的操作，保障合法用户能方便地访问数据和使用系统；系统要有足够的容错能力，保证数据的逻辑准确性和系统的可靠性。

# 参考文献


[1] 杜棉霜 . 水文与水资源的现状及工作措施研究 [J]. 珠江水运，2019（11）：50–51.

[2] 韩其为 . 水文测验若干理论问题研究 [M]. 北京：中国水利水电出版社，2015.

[3] 何菁 . 我国地下水资源保护问题的防治及完善 [J]. 长安学刊（哲学社会科学版）,2018（4）：118–119.

[4] 贺前锋 . 论城市水资源智慧型综合管理建议 [J]. 文摘版：工程技术，2015（9）：275.

[5] 李建林 . 水文统计学 [M]. 北京：应急管理出版社，2019.

[6] 李泰儒 . 水资源保护与管理研究 [M]. 长春：吉林大学出版社，2019.

[7] 卢惠芳 . 水文统计存在的问题及对策探究 [J]. 纳税，2019（5）：294–295.

[8] 马新 . 我国城市生活节水对策及其有效性分析 [J]. 纳税，2019（8）：138–139.

[9] 齐跃明，宁立波，刘丽红 . 水资源规划与管理 [M]. 徐州：中国矿业大学出版社，2017.

[10] 石文久 . 影响农业节水的因素及对策 [J]. 现代农村科技，2021（6）：114–115.

[11] 宋国梁 . 水资源可持续利用研究 [J]. 中国资源综合利用，2021，39（5）：61–63.

[12] 王耿清，曹子芳 . 我国工业节水现状及补短板途径讨论 [J]. 文渊（高中版），2021（10）：4362–4363.

[13] 魏海昕，刘景鑫 . 水文测验与水文资料质量 [J]. 魅力中国，2021（24）：424–425.

[14] 熊俊 . 水文测验关键技术研究 [D]. 山西：太原理工大学，2017.

[15] 许拯民，赵可锋，梅宝澜，等 . 水资源利用与可持续发展 [M]. 北京：水利电力出版社，2012.

[16] 薛飞 . 水资源保护面临的问题及对策 [J]. 现代农村科技，2022（8）：95–96.

[17] 余新晓 . 水文与水资源学 [M]. 北京：中国林业出版社，2016.

[18] 张丙辰 . 试论新时期如何做好水文统计工作 [J]. 读书文摘，2017（23）：78.

[19] 张盼盼 . 统筹水质和水量的水价问题研究 [D]. 浙江：浙江理工大学，2017.

[20] 张义敏 . 基层水资源管理的信息化建设 [J]. 农家科技（下旬刊），2020（2）：226.

[21] 张宇微 . 水文与水资源管理的优化策略 [J]. 科学与财富，2020（17）：370.

[22] 赵阳 . 水资源保护与科学用水 [J]. 绿色中国，2020（20）：70–73.